居民安全健康科普丛书

居民突发事件应对手册

北京市劳动保护科学研究所　编

中国劳动社会保障出版社

图书在版编目(CIP)数据

居民突发事件应对手册/北京市劳动保护科学研究所编. —北京：中国劳动社会保障出版社，2016

（居民安全健康科普丛书）

ISBN 978 - 7 - 5167 - 2349 - 4

Ⅰ.①居… Ⅱ.①北… Ⅲ.①突发事件-应急对策-手册 Ⅳ.①X928 - 62

中国版本图书馆 CIP 数据核字（2016）第 041882 号

中国劳动社会保障出版社出版发行

（北京市惠新东街 1 号　邮政编码：100029）

*

三河市潮河印业有限公司印刷装订　　新华书店经销

890 毫米×1240 毫米　32 开本　3.625 印张　89 千字

2016 年 3 月第 1 版　　2019 年 7 月第 4 次印刷

定价：15.00 元

读者服务部电话：（010）64929211/84209101/64921644

营销中心电话：（010）64962347

出版社网址：http://www.class.com.cn

"居民安全健康科普丛书"
编委会

内容简介

　　本书为"居民安全健康科普丛书"之一，主要介绍居民常见生产、生活中可能遇到的安全事故，有针对性地讲解面对这些事故时应该采取的应对措施，并附有"温馨提示""应急要点"等知识性小栏目。

　　本书主要内容包括：日常生活事故及其应对措施，公共场所事故及其应对措施，交通安全事故及其应对措施，社会治安事故及其应对措施，公共卫生事故及其应对措施，自然灾害事故及其应对措施，户外旅游常见事故及其应对措施，遇到伤害的应对和急救措施，最后还介绍了几类常用的急救、报警电话。

　　本书以通俗易懂的语言、图文并茂的形式，讲解了居民生活中常见的事故及其应对办法。作为一本科普性读物，本书特别适合广大居民和各界大士参考阅读。

前　言

　　近年来，国家加大了对科普活动的支持力度。在《听取全民科学素质行动计划纲要实施情况汇报的会议纪要》（国阅〔2014〕10号）、《关于加强科普宣传工作的意见》（中宣发〔2014〕5号）等有关文件中指出：围绕社会广泛关注的热点问题，加大科普特别是应急科普宣传力度，及时解疑释惑，引导公众用科学的方法来认识问题，提高公众的科学认知水平和科学生活能力，提高科普报道质量。为实施《国家中长期科学和技术发展规划纲要（2006—2020年）》和《全民科学素质行动计划纲要(2006-2010-2020)》而颁布的《关于科研机构和大学向社会开放开展科普活动的若干意见》提出了科研机构和大学利用科研设施、场所等科技资源向社会开放并开展科普活动，让科技进步惠及广大公众。

　　北京市出台的《落实全民科学素质行动计划纲要共建协议》《北京市科普基地管理办法》的措施，拟在扎实有效推进首都全民科学素质工作深入开展的基础上，继续推动科普基地建设，强化科普场所开放，提升科学传播能力。北京市在"十二五"科普规划研究中鼓励科研院所和社会机构加强面向公众的科技信息服务，加强与中央在京单位的合作，推动其科技成果进行科普转化，加强首都科普能力建设，大力推动科普惠及民生。北京市"十三五"规划还建议倡导全民阅读，加强科普教育，弘扬法治精神，提高市民文化素养。

北京市劳动保护科学研究所是北京市公益型研究所和北京市科普基地，有责任和义务面向社会开展科普活动。现有的"国家劳动保护用品质量监督检验中心""北京市环境噪声与振动重点实验室""工业卫生实验室""电磁防护技术实验室"等实验室每年都向公众开放，开展以安全和环保为主题的各种形式的科普宣传活动。这些实验室在安全和环境领域从技术方法、措施和手段已经开展了多年研究，产出许多重要的科研成果。"居民安全健康科普丛书"以PM2.5、室内环境、应急与疏散、噪声、电磁为主题，符合时下百姓关注的热点。本套科普丛书力求以通俗易懂的语言，以图文并茂的形式向公众客观、科学地介绍PM2.5污染防治、室内环境的危害、面对突发事件的有效做法、噪声的危害与防治及正确地认识电磁等相关科学知识，希望能为公众了解、学习和主动参与预防安全事故、改善生活环境提供帮助。

编委会

2016 年 1 月

目　录

日常事故篇

第一篇

① 家中起火事故

居民家中往往有多种用火或用电情况，由于家人大意或预防不到位，很有可能引发小范围起火，若不及时扑救，一旦酿成大火，后果将不堪设想。

面对家中火灾隐患和起火事故，我们应该怎么办呢?

如何预防起火发生

● 家中存放易燃物品时，不要放在取暖器、火炉或电视机等发热物体附近，更不能加热或在阳光下暴晒。

● 注意电气防火，不要用劣质电气设备，包括电线、插座、电热宝等，尽量做到用电时有人看管，尤其是电热设备，离开家时，要关闭电源。

● 不要随意使用火柴、打火机、蜡烛等引火物照明。

● 不要在屋内和易燃物附近燃放鞭炮，以免火花溅到易燃物上引起火灾。

● 在家中吸烟后，要及时清理，防止引发火情。

家中着火处理小知识

温馨提示

● 电器着火时，首先要切断电源，不得用水扑救电视机等电器类火灾，以防引起爆炸、触电等伤人事故。

● 油锅着火时，不能用水浇，可用锅盖、湿抹布、切好的菜等覆盖扑救。

● 燃料油、油漆着火时，不能用水浇，应用干粉灭火器、沙土等进行扑救。

家中火灾发生后怎么做

 **应急要点**

● 在家中发现着火现象，趁火势较小，扑灭火源。不能扑灭时，应尽快逃生，并及时报警。

● 隔壁房间发生火灾，发现烟雾很大时，不要开门，可向门上泼冷水降温，用浸湿的衣服、被褥堵住门缝隙。同时，应立刻向窗外挂出醒目物件，以示室内有人，也可以大声呼喊，便于营救人员发现。

● 火势较大，可向头部、身上浇冷水或用湿毛巾、湿被单将头部包好，用湿棉被、湿毯子将身体裹好，再冲出险区。

● 如果浓烟太大，可用浸湿的口罩或毛巾捂住口鼻，身体尽量贴近地面行进或者爬行，穿过险区。逃生过程中，应随手关门，以阻滞烟气蔓延。

② 高楼失火事故

高层建筑是指超过 10 层的住宅建筑或超过 24 米高的其他民用建筑的统称。高层建筑火灾已经成为威胁城市公众安全和社会发展

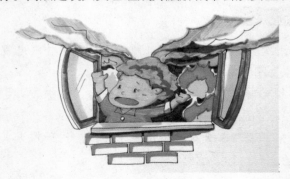

的主要灾害之一。高层建筑火灾具有火势蔓延快、疏散困难和扑救难度大的特点，由于高层建筑结构复杂、人员密集，一旦失火难以控制和逃离，易造成巨大的人员伤亡和财产损失。

现在城市居民越来越多地居住在高层住宅中，如遇到高层火灾，我们应该怎么办呢？

如何预防高层火灾的发生

温馨提示

● 注意厨房动火和家用电器使用的消防安全方法，做到厨房动火随时有人在，家用电器、燃气用毕关电、关气。

● 有条件的家庭可以在自己家里增设消防设施设备，如在厨房和入户门附近设置简易自动喷淋系统。

● 不乱扔烟头、乱磕烟灰，不把引燃的烟头随处乱放。不要躺在床上、沙发上吸烟，不要在醉酒后吸烟，避免在神志不清时乱扔烟头引燃可燃物。卧床的老人或病人吸烟，应有人照看。

● 小心燃烧着的蜡烛靠近易燃物，不要焚烧杂物和不安全使用明火。

● 各住户平时在日常家居生活中要爱护高层住宅和楼内消防设施设备，做到不破坏、不挪作他用，保证楼内消防安全设施设备完整、好用。

● 保持疏散通道畅通，不要在疏散通道内堆放杂物。

高层火灾发生后怎么做

应急要点

● 火灾发生时切忌乘坐电梯，若火势封住楼道不能往下走，可沿着楼梯进入楼顶，或躲进避难层、避难间等待解救。

● 若楼道全是浓烟，应紧闭房门，并用水浇湿房门，躲到窗户旁或阳台避烟。

● 用湿毛巾掩住口鼻，弯腰匍匐前进。携抱婴幼儿逃生时，可用湿布轻轻蒙在婴幼儿脸上，注意保证婴幼儿呼吸。

● 切忌盲目跳楼逃生，如情况紧急，可视情况利用建筑物阳台、避难层、室内设置的救生带、应急逃生绳等逃生，也可将撕开的被单、台布等浸湿结成牢固的绳索，牢系在窗栏上，顺绳滑至安全楼层。

③ 烟花爆竹燃放意外事故

2006 年国务院颁布了《烟花爆竹安全管理条例》，烟花爆竹的生产、经营、运输和燃放，均适用该条例。烟花爆竹，是指烟花爆竹制品和用于生产烟花爆竹的民用黑火药、烟火药、引火线等物品。居民在储存、运输和燃放烟花爆竹过程中，均应严格按照该条例的规定执行。

燃放烟花爆竹是我国节日庆祝的传统，已成为具有民族特色的娱乐活动。人们除了辞旧迎新在春节燃放烟花爆竹外，每逢重大节日及喜事庆典，诸如元宵节、端午节、中秋节及婚嫁、建房、开业等，也要在遵守限放时间、限放地点等条件下燃放烟花爆竹以示庆贺。

烟花爆竹的燃放极易造成人身伤害、火灾等事故，因此，在燃放过程中，居民应该如何防范呢？

如何预防烟花爆竹燃放伤害

温馨提示

● 到有销售许可证的专营场所购买外观整洁、未变形的烟花爆竹产品。认真阅读并理解产品的燃放说明和警示语。

● 严禁在繁华街道、剧院等公共场所和山林、有电的设施下以及靠近易燃易爆物品的地方燃放；燃放场地应空旷、平坦，无障碍物等。

● 燃放烟花爆竹应当远离加油站，燃气调压站，人员密集场所，水、电、气管网及雨、污井盖。

● 烟花的燃放不可倒置，不许对人、对物燃放。点燃烟花爆竹如发生"瞎火"现象，千万不要再点火，不要伸头靠近观察，一般等 15 分钟后再处理。

● 燃放烟花爆竹产品要注意点火的引燃时间及中间间隔时间，切忌中途靠近观看，点燃后迅速离开至安全地带。

● 小孩必须在成人的指导下燃放，精神病患者、酒后禁止燃放，大风、大雨、大雾天气禁止燃放。

发生事故后，我们怎么做

应急要点

● 因燃放烟花爆竹导致火灾事故时，应当迅速拨打 119 报警，并进行先期处置，争取在火灾初期扑灭。

● 当事故造成人员伤害时，可拨打120、999求助，并迅速将受伤人员送往医院救治。

● 如果有居民不慎被鞭炮炸伤，应立即离开鞭炮燃放的现场，避免受到二次伤害。

● 如果皮肤被烧伤，应立即用干净、流动的水持续冲洗，不要乱涂膏药、花椒、香灰等物品。

● 头面部被灼伤时，用消毒纱布或干净的棉布包住并用冰块冷敷，不要让水直接接触创面。

● 发生眼外伤出血、瞳孔散大或变形，眼内容物脱出等症状时，切忌对伤眼过多地自行察看伤情，进行擦拭或清洗。可用清洁的棉织品轻轻覆盖双眼，禁止加压包扎。同时让伤员安静平卧，避免躁动和哭泣。无论伤情轻重，尽快去医院就诊，途中尽量减少震动。

● 脸部被鞭炮炸伤，会伤及病人的眼睛、鼻、整个颌面部，还可能造成颅脑损伤、颅内出血等伤害，在急救时要随时注意观察伤者病情变化。对于已经掉下来的组织应正确保存，可用干净的布包起来，外面套塑料袋、橡胶手套等不透水材料，扎紧后，放入冰块里保存后与伤员一起送往医院。

④ 供水事故

供水事故是指自来水厂出现运行故障、输配水管道发生爆裂、不可预测的外力破坏等因素造成的停水事故。供水事故不仅会损失宝贵的水资源，造成局部停水，给居民带来诸多不便，还会引发道路塌陷等其他灾害，造成人员伤亡和财产损失。

那么针对供水事故，我们应该怎么做呢？

如何预防供水事故

 温馨提示

● 配合有关部门对供水管网定期检查维护，保障社区供水正常。

● 接到停水通知时，做好停水准备，备好使用水和饮用水。

● 遇到水压突然降低时，居民可用家用洁净容器储存水，以备应急之需。

发生供水事故后，我们怎么做

 应急要点

● 停水后，应注意关好水龙头，防止来水后造成跑水事故。

● 发现水管爆裂后，应立即向有关部门报告水管爆裂的准确地点。同时，设法关闭供水总阀门。

● 爆管现场附近的人员、车辆应立即撤离事故区低洼处，防止积水淹泡造成损失。

● 行人、车辆要远离抢修现场，防止因土质松软、水土流失导致地面塌陷，造成伤害。

● 配合应急人员的处置工作。

● 来水后，需打开水龙头适当放水，待管道内的残水及杂质冲放干净后再使用。

5 饮用水污染事故

饮用水污染事故，是指水源污染、管网污染、二次供水污染等因素导致饮用水中出现致病病菌或有毒、有害物质的事故。

饮用水污染主要源于在取水、制水、输配水、贮水等过程中，由于生活污水、工业废水、生活废弃物（垃圾）或工业固体废弃物（废渣）的乱排放、忽视水源卫生防护、水净化和消毒不彻底、输配水和贮水环节的卫生管理差等各种原因，造成污染物进入水中，使水质理化特性和生物种群的特性、组成发生改变，造成水质恶化，危害人体健康。

当发现自来水或者饮水机桶装水颜色浑浊、有悬浮物、有异味、水温明显异常时，很可能发生了水污染。饮用被污染的水后，容易造成人急性或慢性中毒，甚至诱发癌症。在日常生活中，居民应如何预防和应对饮用水污染事故？

判断供水污染小知识

温馨提示

● 用透明度较高的玻璃杯接满水，对着光线看是否有悬浮杂质和沉淀杂质，如肉眼可见则说明水的指标太差，达不到饮用的标准。

● 闻闻水是否有异味也是判断水质有没有被污染的方法之一。

● 用烧开的自来水泡茶，隔夜后茶水变黑，说明自来水中铁、锰元素严重超标。

● 在相关部门专业人士作出鉴定之前，切勿听信"小道消息"，以免以讹传讹。

发生供水事故后，我们怎么做

 应急要点

● 发现自来水有问题时，立即停止饮用，及时告知居委会、物业部门和周围邻居停止使用，并向供水部门或卫生检疫部门反映情况。

● 不要在受污染的水体附近区域进行捕捞、放牧、引灌等作业以及洗涤、游泳等活动，防止受到污染。用干净的容器留取污染水作为样本，提供给水质监测检验部门。

● 不慎饮用污染水后，出现异常，应立即到医院就诊。

● 接到政府部门正式通知后，才可恢复使用自来水。

● 饮水机应定期清洗和消毒。

● 保护供水管网、供水设施及水利设施设备，未经许可不得自行拆改。

6 停电事故

　　停电事故是指供电设施因设备故障、外力破坏、火灾、恶劣天气、地震以及其他突发事件等原因，造成供电中断的突发情况。现代的城市供电比较安全，一般情况下，发生大面积停电事故的可能性不大，但不能绝对排除发生停电事故，任何一个电网都存在停电的可能。而在现代社会，我们的工作和生活都离不开电力，所以针对停电，我们一定要提前做好准备。

　　那么，在日常生活中我们应该如何应对停电事故？

停电应对小常识

　　温馨提示

　　● 随时注意周边信息，及时获得有关停电的消息。

　　● 养成床边放一支小手电筒、客厅或厨房放一盏应急灯的好习惯，以备不时之需。经常检查手电筒和应急灯是否电力充足，可多准备一些电池。

　　● 出入公共场所，应留意其地理位置、建筑结构图、应急通道位置、出口指示、应急灯（牌）等。

公共场所停电，我们怎么做

 **应急要点**

● 突发停电，要保持镇静，切忌大声喧哗、乱动。可用手机等随身物品取光。如在公共场所，要听从现场工作人员安排，按要求疏散。

● 下楼梯靠右边行走，疏散过程中不要停步弯腰，以免跌倒，发生踩踏。

● 听从现场工作人员的安排，不要乱跑乱挤，以免造成人员伤亡。

● 一旦遇到道路上停电没有信号灯指示的情况，司机驾驶机动车要注意让行，按秩序通过路口，切不可随意抢行，否则会让道路立刻陷于瘫痪。行人也不必慌张，只需在没有车辆经过的人行横道处小心通过路口即可。

家中发生停电，我们怎么做

应急要点

● 发生停电，要保持镇定，不要慌张，可先了解是否集体停电。

● 尽可能关闭停电时处于开启状态的家用电器，但冰箱等可除外。同时注意及时观察供电是否已恢复。

● 停电后要预防火灾、燃气泄漏，在室内注意通风。

● 如果点燃了蜡烛，应注意远离窗帘等易燃物品。蜡烛最好放在烛台上，以免被碰翻。

● 遇到大范围停电，如果你正在家中，千万不要跑到街上去，此时家里是最安全的。

7 触电事故

触电事故是指人体接触带电物体，电流通过人体，使肌肉非自主地发生痉挛性收缩造成的伤害。触电严重时会破坏人的心脏、肺部以及神经系统的工作，甚至危及生命。

触电事故的发生有明显的季节性。其主要因为气候炎热、多雷雨、空气湿度大等降低了电气设备的绝缘性能，人体因炎热多汗、皮肤接触电阻变小、衣着单薄身体暴露部分较多等，大大增加了触电的可能性。居民应如何预防和应对触电事故呢？

如何预防触电事故

 温馨提示

● 不要在电线杆及其拉线上拴家畜、系绳子、晾衣服等。勿用湿手拔、插电源插头，勿用湿布擦拭带电的灯头、开关、插座等。

● 下雨天，不要站在大树下或高大的建筑物底下避雨。

● 换灯泡、灯管或清洁家里电器的时候，要拔掉插头或关掉电源总闸。

● 若家中条件允许可安装高性能全自动触电保护器，一旦发生触、漏电事故，可在 0.08 秒内自动切断电源，从而保护人身和设备安全。

● 所有家用电器（如电风扇、电饭煲、洗衣机、电冰箱等）的金属外壳，一律应有可靠的接地装置。

● 要使用符合国家统一规范、符合用电安全要求的电器产品，以杜绝因电器产品粗制滥造而造成的漏电、触电事故。

发生触电事故，我们怎么做

 应急要点

● 立即切断电源。若无法及时找到电源或断电有困难，可用干燥的木棍、竹棒等绝缘物挑开电线，使触电者迅速脱离电源。

● 切勿直接触及触电者，切勿用潮湿的物件搬动触电者，切勿用潮湿的工具或金属物体拨电线。

● 触电者脱离电源，将其迅速移至比较通风、干燥的地方，使其仰卧，将其上衣和裤带放松，检查其有无呼吸，颈动脉有无搏动，并立即呼叫 120 急救。

● 若懂得急救知识，立即就地对触电者进行抢救：如发现其呼吸停止，采用口对口人工呼吸法抢救，若心脏停止跳动或不规则颤动，可进行人工胸外按压法抢救。

8 燃气事故

燃气是气体燃料的总称，能燃烧而放出热量，供城市居民和工业企业使用。燃气的种类很多，主要有天然气、人工燃气、液化石油气和沼气等。

居民如何预防燃气事故

温馨提示

● 目前，燃气管是用金属燃气管软管来取代传统的橡胶软管。应经常检查连接燃气管道和燃气用具的软管是否压扁、老化，接口是否松动、是否被尖利物品或老鼠咬坏，如发生上述现象应立即与燃气公司联系。

● 定期更换软管。根据有关燃气安全管理规定和技术规范，每2年应更换1次软管。由于各种品牌软管的质量不一，为了居民自身安全，建议每年更换一次软管，居民应配合燃气公司做好更换。更换软管时应注意以下几点：

软管连接时，应采用专用的气嘴接头，然后用喉码紧固。

软管长度应小于 2 米，不得产生弯折、拉伸、脚踏等现象。龟裂、老化的软管不得使用。

软管不应安装在下列地点：有火焰和辐射热的地点、隐蔽处。软管不宜跨过门窗、穿屋过墙使用。

软管不要与灶具紧贴。对台式灶具，软管不要盘在下面或穿越，应靠边绕过。软管如果从高处接下来，不要让火苗燎到。对嵌入式灶具，软管不要紧贴在灶具下方。软管应在灶面下自然下垂，保持 10 厘米以上的距离，长度不宜超过 2 米，以免被火烤焦烧断。

装好软管后，可用肥皂水检测是否漏气。打开燃气开关，看是否有连续的冒泡，如有，则表明漏气，不安全。

燃气使用小知识

 温馨提示

● 家中装修时要用正规厂家的燃气用具，不能随意改装。

● 燃气设备要定期更换检修。

● 液化石油气使用完后要随手关闭。

● 发现房中有煤气气味的时候，切记不要开灯、点火，否则很可能引起爆炸。

● 不要让儿童拨弄家中燃气灶的开关，不要独自留儿童在家使用燃气热水器和燃气灶。

● 不要用重物打击、挤压燃气灶或燃气罐，更不要使燃气罐暴晒。

燃气泄漏怎么做

 应急要点

● 当闻到家中有轻微煤气的异味时，要进行仔细辨别和排除。

如果确定是自己家有可燃气体轻微泄漏的话，要立即开窗开门，并且关闭各截门和阀门。

● 在开窗通风的同时，不要开关电器，如开灯、开排风扇、开抽油烟机、打火机或者打电话等，以免产生火花，引起爆炸。

● 如果阀门处有火焰，或液化气罐着火时，应迅速用浸湿的毛巾、被褥、衣物扑压，并立即关闭燃气阀门。

● 可用肥皂水刷沾燃气的管道接口、开关处，观察有无气泡产生，检查燃气是否泄漏，切不可用明火试漏。

● 如发生燃气泄漏不要在室内停留，防止窒息、中毒。及时离开泄漏源，在安全场所拨打 119 报警。

● 发现家中煤气罐着火时，应首先切断气源，具体做法是用湿毛巾裹住手，按顺时针方向把阀门关紧。

煤气中毒怎么做

 应急要点

（1）中毒症状

● 轻度中毒：在可能产生大量煤气的环境中，感觉头晕、眼花、耳鸣、呕吐、心慌、全身乏力，这时如能觉察是煤气中毒，应及时开窗通风，吸入新鲜空气，症状会很快减轻、消失，不需特别的处理。

● 中度中毒：除上述症状外，出现多汗、烦躁、走路不稳、皮肤苍白、意识模糊、嗜睡、困倦乏力，如能及时识别，采取有效措

施，基本可以治愈，很少留下后遗症。

● 重度中毒：中毒时间比较长，已发生神志不清、全身抽搐等症状。

（2）中毒后的处理方法

● 发现轻度中毒的症状，如头痛，恶心等，就要迅速打开门窗通风换气。

● 仅发现头晕、恶心、呕吐等症状，还没有出现意识丧失这类中、重度中毒的症状，应安静休息，有条件的最好能够早点使用氧气机吸氧。

● 发现有人煤气中毒后，要尽快将患者转移到通风良好而又温暖的地方。

● 出现口吐白沫、意识不清这类重度中毒症状时，要迅速解开其腰带、领口衣扣，使其呼吸道畅通，能够迅速吸入新鲜空气，同时注意保暖。

● 拨打120或999急救电话，请求专业救援。

燃气火灾怎么做

 应急要点

● 迅速用手中的毛巾、围裙等物浸湿盖住气瓶或管道起火点，过程中注意防止烧伤手臂，并立即关闭气阀、截断气路，关闭厨房燃气管道的总阀门。

● 一旦厨房着火，火势突然很大，对厨房易燃物品，如塑料物品等，要采取隔绝办法，用不易燃烧的物质浸水，设置障碍，从中间隔开并不断喷水。如在厨房使用液化气瓶，在充满烟雾，而且火势转大，视线不良的情况下，应边喷水，边寻找气瓶，然后立即关闭阀门，熄灭火焰。同时，及时将气瓶转移出去。

9 汽车自燃事故

汽车在给人们的生活带来诸多便利的同时，有时也会成为危险的潜在杀手。马路上飞奔的汽车突然狼烟滚滚；静静停放的汽车不经意间燃起大火，这就是汽车的自燃。自燃不仅会对汽车造成损害，甚至会危及驾驶员和他人的安全。针对汽车自燃，我们应该做些什么呢？

如何预防汽车自燃

温馨提示

● 私家车、营运车车主，要经常对汽车特别是需要跑长途的车做日常检查、勤于保养，在上路前更应仔细检查油路、电路等设备，防止油路、电路老化而引起汽车自燃。

● 停车时尽量选择阴凉处。车主们在停车时应尽量避免阳光暴晒，并检查汽车底盘下、两侧无易燃易爆物品。

● 不要轻易私自改装汽车。

● 按规载物，远离易燃物品。要及时地清理车内物品，不要在车内放置易燃易爆的物品，如香水、发胶、打火机等，不要在车内乱扔烟头，最好不要在汽车内吸烟，以防"引火自焚"。

● 车内需要长期配备灭火器，并注意检查是否有效，是否超过使用年限。

● 在夏季，汽车长时间行驶在高温下时，应该在中途多做休息，不要让车子长途暴晒。

汽车自燃后，我们怎么做

应急要点

● 如果在行驶过程中，闻到车内有胶皮臭味或见到机罩盖边隙处和仪表台附近冒烟，应迅速靠边停车熄火，断开全车总电源开关。同时，拨打专业的抢修电话，等待救援。

● 若遇自燃，千万不要惊慌，第一时间把车辆靠边，或者停在空旷的路边。不要把车停在会阻塞交通的位置，因为那样容易波及其他汽车，阻塞后不利于消防车过来救援。

● 如果车在行驶途中突然自燃，司机应立即熄火、切断电源、关闭点火开关，然后迅速离开着火汽车。

● 用灭火器灭火时，应对准油箱和燃烧的部分进行降温灭火，避免爆炸，同时拨打119求救。切忌返回车内取东西，因为烟雾中有大量毒气。可在车上随手能摸到的地方备一把小刀，一旦遇到突发事故，可以割断安全带逃生。

公共场所事故篇

第二篇

⑩ 电梯事故

电梯事故，是指电梯因停电、自身故障、人为因素等造成意外停梯、紧急迫降等，给乘客带来极大不便，造成惊吓甚至伤害。电梯事故近几年频发，血的教训一再引发大众对电梯安全隐患的关注。了解乘坐电梯常识以及如何避险关乎每个人的安全。那么，我们乘坐电梯时需要注意哪些问题？

如何预防电梯事故

温馨提示

● 不乘坐无安全检验合格标志的电梯。注意不要超载，超载时，电梯内的警报会鸣响，应自觉下梯等候。

● 一定要在电梯运行良好的情况下乘坐，如果已经听说电梯出现问题，那么一定不要乘坐有故障的电梯。

● 电梯门开时，一定要看清楚情况再进入电梯，不要电梯门一开就往里冲。

● 不可倚靠扶梯两侧，以免衣服等被钩挂。

● 老人、儿童一定要在成人搀扶和看护下乘用扶梯。

● 严禁将头、手及身体其他部位探出扶梯外，以免撞到外侧物体。

● 扶梯出入口处设置有紧急停止开关，仅供紧急情况下使用。

电梯事故小知识

 温馨提示

● 查看电梯是否有安全检验合格标志，超过检验日期或带故障的电梯，有可能存在安全隐患。

● 候（等）梯时，不要踢、撬、扒、倚层（厅）门。

● 使用电梯搬运物品时，不要用手、脚或物品阻止轿厢。进出电梯时，行动不要太慢。

● 不要在运动的电梯内嬉戏玩耍、打闹、跳跃或乱摁按钮。

● 自动扶梯停止运行期间，不要当楼梯使用。

● 乘坐扶梯时要注意落脚，避免因踩在台阶交界处摔倒。

垂直电梯事故后，我们怎么做

 应急要点

● 被困电梯内时，应立即用电梯内的警铃、对讲机或电话与外界联系等待救援。如果报警无效，可大声呼叫或拍打电梯门。

● 电梯突然停运时，不要试图扒门爬出，以防电梯再次突然开动。

● 运行中的电梯进水，应将电梯开到顶层，并通知维修人员。

● 电梯下降速度突然加快或失去控制时，应两腿微弯，上身向前倾斜，以减少电梯坠落受到的冲击。

● 电梯下坠时不论有几层楼，迅速把每层楼的按键都按下，如果电梯内有扶手，最好紧握扶手。当紧急电源启动时，电梯可马上停止下坠。

● 如果电梯运行中发生火灾，应使电梯在就近楼层停靠，并迅速利用楼梯逃生。

自动扶梯事故后，我们怎么做

 **应急要点**

● 如果在乘扶梯发生跌倒、衣物钩挂等紧急情况，应大声呼救，让工作人员注意到自己，以便联系工作人员立即停止扶梯运行。

● 乘坐扶梯遇险要注意保护头部，十指交叉相扣护住后脑和颈部，两肘向前护住双侧太阳穴。如倒地，应保持侧躺，双膝尽量前屈，护住胸腔、腹腔。

● 在每台扶梯的上部、下部都各有一个紧急按钮。一旦扶梯发生意外，靠近按钮的乘客应第一时间按下按钮，扶梯就会在2秒内缓冲30～40厘米后自动停下。

● 万一没办法第一时间按下紧急按钮，乘用人要用双手紧紧抓住手扶电梯的扶手，尽力保持身体稳定，以免摔倒。

● 遇到扶梯倒行时，迅速紧抓扶手，压低身姿保持稳定，并迅速大声告知周围人，防止拥挤踩踏，同时保持冷静，大声呼救。

⑪ 踩踏事故

　　踩踏事故，是指在公共娱乐场所、集贸市场、大型商场、超市、大型集会、大型体育场馆、宗教活动区等场所活动或聚众集会，特别是在整个队伍产生拥挤移动时，有人意外跌倒后，后面不明真相的人群依然在前行，对跌倒的人产生踩踏，从而产生惊

慌、加剧的拥挤和新的跌倒现象，造成恶性循环的群体伤害的意外事件。

在人多拥挤的场所，一旦发生混乱造成踩踏事故，后果将不堪设想。所以，在人员密集的公众场所，如灯会、公园、商场、体育场馆、影剧院、歌舞厅、网吧等，应避免造成局部区域人员过于拥挤的现象。当置身于拥挤的环境中，我们应该如何避免踩踏事故发生并保护自己呢？

拥挤场所注意事项

温馨提示

● 置身于拥挤的场所，首先不要惊慌，也不要好奇。

● 当进入一个新的环境的时候，先注意查找安全出口，一旦发生危险，可以帮助你顺利找到出口。

● 当身不由己陷入混乱的人群中，要远离店铺或柜台的玻璃，以免摔倒被玻璃扎伤。

● 双脚站稳，抓住身边一件牢固的建筑构件。

● 听从组织者的安排，遇到突发情况时，在组织者的疏导下有序撤离，听从他的指挥。

拥挤前兆特征

温馨提示

● 前面有人摔倒时，后面的人不会马上停下来。

● 人群在受到惊吓和恐慌后，大家表现出四处乱跑，互相拥挤现象。

● 人群特别兴奋或者特别激动愤怒。

● 由于好奇心，大家蜂拥向一处。

拥挤发生后怎么做

 应急要点

● 当发现恐慌的人群朝自己的方向拥过来，应该快速躲避到一旁，或者在附近的墙角蹲下，等待人群过去。在人群离开感觉安全后，迅速离开这个地方。

● 遭遇拥挤的人流时，行走、站立要稳，不要采用体位前倾或者低重心的姿势。即使鞋子被踩掉，也不要贸然弯腰提鞋或系鞋带。

● 当发现前面有人突然摔倒了，要马上停下脚步，同时大声呼救，告知后面的人不要向前拥挤靠近。

● 如有可能，抓住一样坚固牢靠的东西，例如栏杆之类，等待人群过去之后，迅速镇静地离开场地。

● 踩踏事件发生后，不要慌张，尽快报警，拨打110，等待救援。

● 若被推到，要设法靠近墙壁。面向墙壁，身体蜷缩成球状，双手在颈后扣紧，以保护身体最脆弱的部位。

⑫ 公共娱乐场所火灾事故

近年来，随着城市现代化水平的不断提高，作为人们消费和娱乐的公共娱乐场所也快速发展起来，但随之而来的还有日益严峻的安全问题。公共娱乐场所很多地方容易存在火灾隐患，一旦发生火灾，火势蔓延迅速，人员疏散困难，极易导致群死群伤的严重

后果。

　　那么，一旦遭遇公共娱乐场所火灾，我们应该如何自救逃生呢？

公共娱乐场所存在的火灾隐患

温馨提示

● 安全出口数量少，疏散通道不畅，疏散门开启方向错误，安全通道堵塞、被占用以及安全出口数量与宽度不足是此类场所普遍存在的最为严重、最为突出的问题。

● 可燃、易燃物品多，火灾荷载大。大部分公共娱乐场所（如一些影剧院、礼堂）的屋顶建筑构件是木质结构或钢结构，舞台幕布和木地板是可燃的，观众厅天花板和墙面大多采用可燃材料。此外，有些灯具在持续工作后的表面温度很高，一旦可燃物品靠近极易引起火灾。

● 安全管理制度不健全。有些场所并没有按照规定建立用火用电、防火检查、员工培训、消防设施维修保养、火灾隐患整改、灭火和应急疏散演练等消防安全管理制度。

● 缺乏逃生常识，组织疏散不力。

如何预防公共娱乐场所火灾

温馨提示

● 养成习惯，暗记出口。进入公共娱乐场所时，为保自身安全，务必养成留心疏散通道、安全出口及楼梯方位的习惯，以便关键时刻能尽快逃离现场。

● 在公共娱乐场所活动时，尽可能不要吸烟，假若吸烟的话，烟头或火柴杆要放在烟灰缸或痰盂内，一定不要随便乱扔。

● 禁止携带易燃易爆物品进入公共娱乐场所。

● 公共娱乐场所停电后，在使用蜡烛等照明时，要离可燃物远一些，并将其固定在非燃烧体的材料上。

娱乐场所发生火灾，我们怎么做？

 应急要点

● 发生火灾后，不要惊慌失措、盲目乱跑，应按照疏散指示标志有序逃生，切忌乘坐普通电梯。

● 穿过浓烟时，要用湿毛巾、手帕、衣物等捂住口鼻，尽量使身体贴近地面，弯腰或匍匐前进。不要大声呼喊，以免吸入有毒气体。

● 利用自制绳索、牢固的落水管、避雷网等可利用的条件逃生。当无法逃生时，应退至阳台或屋顶等安全区域，发出呼救信号等待救援。

⑬ 游乐场所设施故障事故

游乐设施是在特定区域内运行、承载游客游乐的载体，一般为机械、电气、液压等系统的组合体，同所有机电产品一样都可能发生故障，发生故障时会造成游客恐慌、受困以及其他危险事故。随着生活水平的提高，乘坐游乐设施的人也越来越多，假如遇到事故，我们该怎么办呢？

如何预防游乐场所设施故障

 温馨提示

● 游客游玩时首先要认真阅读《游客须知》，听从工作人员讲解，掌握游玩要点，有高血压、心脏病等疾病的人员不要游玩与自己身体不适应的项目。带领未成年人游玩时要起好监护作用。

● 任何游乐设施都有相应的安全保护装置，出现设备故障时，保持镇定、听从指挥、等待救援是游客的最佳选择，可以降低事故的严重程度，甚至避免人身伤害事故的发生。

发生故障后，我们怎么做

应急要点

● 在乘坐荡船等包含公转和自转的游艺设备时，如有不适，请立刻用手势和表情向工作人员示意，工作人员将及时对机器进行紧急停止，并视具体情况安排身体不适的游客休息或者治疗。

● 出现非正常情况停机时，千万不要轻易乱动和自己解除安全装置，应保持镇静，听从工作人员指挥，等待救援。

● 出现意外伤亡等紧急情况时，切忌恐慌、起哄、拥挤，应及时组织人员疏散。

● 因大规模的停电造成游乐设备停机时，不要惊慌失措，只要听从工作人员安排，完全可以保证启用机械、手动、备用电动等动力将游客安全引导到安全的地方。

● 万一在游乐设施里发生火灾，可用衣物或者手帕、餐巾纸捂住口鼻（最好用水将其浸湿），并拍打舱门呼救，等待救援。

交通安全篇

第三篇

⑭ 地铁事故

地铁交通事故，是指在封闭状态下运营的地铁列车，因设备故障、技术行为、人为破坏、不可抗力等各种原因发生的意外事故。一般停电是地铁运行中最常见的事故。

由于地铁处在一个特殊环境中，受到突发事件防范难、客流量大、逃生条件差（垂直高度大、逃生途径少、逃生距离长）、允许逃生时间短、乘客逃生意识差异大、救援困难等因素的影响，一旦发生事故，容易造成较大的伤亡。所以要事先有所准备，临场保持镇定，才能赢得生存机会。

作为我们日常生活中不可或缺的交通工具之一，我们应该如何安全乘坐地铁，保证生命安全呢？

地铁安全小常识

温馨提示

● 留意车站及列车导向标志，车站通告及广播，并遵守指示，正确使用安全及紧急设施。

● 正确使用进、出站闸机，待前面的乘客通过并且闸门关闭后方可使用。

● 在安全线以外候车，先下后上，上、下车时不要拥挤。灯闪、铃响时勿上、下列车。

● 上、下列车时注意列车与站台之间的空隙及高度落差，以免发生意外。

● 不要携带过大的物件或货物、宠物及其他禽畜、危险品等进站乘车。

● 上车后要坐好，站立时要紧握吊环或立柱。列车运行过程中，勿随意走动，以免发生意外。

● 如掉落物品至行车轨道，联系工作人员拾取。

● 尽量避免到拥挤的地方候车，身体不适或有困难时与工作人员联系。

● 禁止倚靠车门，并确保手和手指远离车身与车门之间的空隙。

● 一旦发生紧急情况，立即通知车站工作人员。

遇到地铁火灾，我们怎么做

 应急要点

● 要有安全意识。进入地铁后，要熟记疏散通道、安全出口的位置。发现车厢停电并有异味、烟雾等异常情况，应立即找到车厢内壁上的红色报警按钮报警。

● 贴近地面逃生是避免烟气吸入的最佳方法。勿做深呼吸，用湿衣物捂住口鼻，迅速疏散到安全地区。

● 疏散时要听从工作人员指挥和引导，决不能盲目乱窜。

地铁列车内毒气侵袭、发现可疑物品，我们怎么做

应急要点

● 确认地铁里发生了毒气袭击时，应当利用随身携带的手帕、餐巾纸、衣物等用品堵住口鼻、遮住裸露皮肤，如果有水或饮料，应迅速将手帕、餐巾纸、衣物等用品浸湿后使用。

● 迅速朝远离毒源的方向撤离，有序地撤到空气流通处或毒源的上风口处躲避。

● 如果发现可疑物品，应立即报告地铁工作人员。

● 到达安全地点后，立即用流动水清洗身体裸露部分。

遇到地铁停电，我们怎么做

应急要点

● 发生停电事故时，要按照工作人员的指引，迅速疏散到地面。

● 站台停电时，不要直接跳到隧道里乱跑，应在原地等候，不要惊慌。站台一般会很快启动事故应急照明灯。

● 列车在隧道中运行时遇到停电，应听从指挥，顺次向指定方向疏散。

● 在站台上，确认大规模停电后，应迅速在工作人员的指挥下，离开车站。

15 公交事故

公交车已经成为人们日常出行不可替代的交通工具之一。然而公交车在给人们的出行带来便利的同时，随之而来的公交事故也

成为不少人关注的热点，频频出现的碰撞、失火等危及乘客生命的事件已经让这个为大家日常生活带来便利的交通工具蒙上了黑色的阴影。在公交车或者大客车这些狭小的空间之中，如果遇到突发事件，乘客如何在短短几分钟时间内，做出正确反应，有效地逃生呢？

公交安全小常识

● 不要在马路上挥手叫停公交车；选择好自己要乘坐的公交车线路，到公交站亭处排队依次上车。

● 候车时一定要站在候车亭内候车，不要妨碍公交车辆的正常靠站停车，从而危及人身安全。

● 乘车要排队，等到汽车停稳后再上，如果人多拥挤，就等别人上完后再上，或等下一班车。

● 上车后头、手、身体不能伸出窗外，否则容易发生伤害事故。

● 没有座位时，不要站在车门边，要抓紧车上的扶手，以免紧急刹车或拥挤时摔倒或车门突然打开时被甩出车外。

● 在乘坐公交时要有安全意识，注意灭火器、安全锤的位置。

● 乘坐车辆时，严禁携带易燃易爆品上车。

● 在下车前，要仔细看看左右是否有通行的车辆，千万不要急冲猛跑，以免被两边的车撞倒。

遇到公交火灾，我们怎么做

 **应急要点**

● 遇到发动机着火，乘客应该立即要求驾驶员打开车门，引导乘客从车门下车，用随车灭火器扑灭火焰。

● 驾驶员应打开车门，紧急情况下，乘客可按下紧急按钮，随后可直接推开车门逃生。

● 如火焰封住车门，火势较小，乘客们可用衣物蒙住头部，从车门冲下；如车门被火烧坏，乘客应用救生锤砸开就近的车窗翻窗下车。

● 身上着火，应快速脱下衣服，用脚将火迅速踩灭。来不及脱下衣服，可就地打滚，将火压灭。如果他人身上衣服着火，可脱下自己衣服或其他物品，将他人身上的火捂灭，或用灭火器向其身上喷射。

遇到公交车祸，我们怎么做

 **应急要点**

● 乘客应迅速趴到座椅上，抓住车内的固定物，尽力稳住身体。

● 不可顺着翻车的方向跳出车外，而应向车辆翻转的相反方向跳跃。

● 落地时，应双手抱头顺势向惯性的方向滚动或奔跑一段距离，避免遭受二次损伤。

● 两车相撞时切忌喊叫，应该紧闭嘴唇，咬紧牙齿，以免相撞时咬坏舌头。

遇到公交落水，我们怎么做

应急要点

● 遇到车辆落水时，先深呼吸再开车门，汽车翻进河里，若水较浅，未全部淹没，应等汽车稳定以后，再设法从门窗处离开车辆。

● 若水较深，先不要急于打开车门与车窗玻璃，因为这时车门是难以打开的。此时，车厢内的氧气可供司机和乘客维持 5 ～ 10 分钟。车内人员不要慌张，将头部伸出水面，迅速用力推开车门或玻璃，同时深吸一口气，再浮出水面。

16 飞机事故

飞机一旦发生意外，往往造成极其严重后果。掌握紧急逃生的相关知识，对危难时刻的自救能起到重要的作用。

安全乘机小知识

温馨提示

● 选择一条中转最少的航空线，减少起飞和下降的次数。

● 登机后，熟悉机上安全出口，认准自己的座位与最近的应急出口的距离和路线。听、阅有关航空安全知识，及时询问，按要求系好安全带。

● 如果坐在安全逃生门旁，应

主动了解打开安全门的要领及注意事项。

● 学习使用氧气面罩。正确的使用方法是向下拉氧气面罩，触发氧气供应开关，并将面罩罩在口鼻处，并保持面罩和面部紧密结合，防止氧气泄漏。

● 未经空勤人员允许，不要使用电子设备，不要接、打手机。

● 只要不离开座位，飞行全程系好安全带。

● 过重、坚硬的行李不要放在头顶上方的行李舱内，宜询问空乘人员放置安全地点。

飞机事故前兆

● 机身颠簸。

● 飞机急剧下降。

● 舱内出现烟雾。

● 舱外出现黑烟。

● 发动机关闭，一直伴随着的飞机轰鸣声消失。

● 在高空飞行时一声巨响，舱内尘土飞扬，这是机身破裂舱内突然减压。

飞机上遇到事故，我们怎么做

 应急要点

● 遇空中减压，应立即戴上氧气面罩。

● 飞机紧急着陆和迫降时，应弯腰，双手在膝盖下握住，头放在膝盖上，两脚前伸紧贴地板。

● 舱内出现烟雾，低头、屏住呼吸，用饮料浇湿毛巾或手帕捂住口、鼻后再呼吸，弯腰或爬行到出口处。

● 若飞机在海洋上空失事，要立即穿上救生衣。

● 飞机因故紧急着陆和迫降时，在机上人员与设备基本完好的

情况下，要听从工作人员指挥，迅速而有秩序地由紧急出口滑落至地面。

⑰ 铁路事故

铁路交通事故，是指火车因脱轨、颠覆、碰撞、起火、爆炸等造成人身伤亡或者财产损失的事件，包括铁路行车事故、路外伤亡事故、其他运营事故等。虽然火车事故相对少见，但如果能在事故发生时采取有效的自我保护措施，就可以提高自己的安全系数，成功从灾难中逃生。

那么，一旦遇上铁路事故，我们应该怎么做呢？

火车起火，我们怎么做

应急要点

● 旅客要保持冷静，千万不能盲目跳车。失火时应迅速通知列车员停车灭火避难，或迅速冲到车厢两头的连接处，找到链式制动手柄，按顺时针方向用力旋转，使列车尽快停下来。或者是迅速冲到车厢两头的车门后侧，用力向下扳动紧急制动阀手柄，也可以使列车尽快停下来。

● 发生火灾，离火灾最近的旅客应立即采取灭火措施；其他旅客切勿慌乱，用湿毛巾等捂住口鼻，在工作人员的组织下有序撤离或积极参与抢救伤员工作。

● 被困人员应尽快利用车厢

两头的通道，有秩序地逃离火灾现场。

● 被困人员可用坚硬的物品将窗户的玻璃砸破，通过窗户逃离火灾现场。

● 情况紧急时，以保全生命为先，切勿因不想舍弃随身财物而错过逃生时机。

火车撞击或倾覆，我们怎么做

 应急要点

● 脸朝行车方向坐的人要马上抱头屈肘伏到前面的坐垫上，护住脸部，或者马上抱住头部朝侧面躺下。

● 背朝行车方向坐的人，应该马上用双手护住后脑部，同时屈身抬膝护住胸、腹部。

● 发生事故时，如果座位不靠近门窗，应留在原位，抓住牢固的物体或者靠坐在座椅上。低下头，下巴紧贴胸前，以防头部受伤。若座位接近门窗，就应尽快离开，迅速抓住车内的牢固物体。

● 在通道上坐着或站着的人，应该面朝着行车方向，两手护住后脑部，屈身蹲下，以防冲撞和落物击伤头部。如果车内不拥挤，应该双脚朝着行车方向，两手护住后脑部，屈身躺在地板上，用膝盖护住腹部，用脚蹬住椅子或车壁，同时提防被人踩到。

● 在厕所里，应背靠行车方向的车壁，坐到地板上，双手抱头，屈肘抬膝护住腹部。

● 事故发生在电气化区域，破窗逃生时应注意躲避上方接触网，防止电击。发生在铁路桥梁，从车上跳下时要注意安全，防止摔伤。

● 发生在双线区段，逃生旅客应从列车运行方向的左侧跳下，防止被邻线来车伤害。跳下后，要迅速撤离，不可在火车周围徘徊，这样很容易发生其他危险。

● 离开火车后，应设法通知救援人员。如附近有一组信号灯，灯下通常有电话，可用来通知信号控制室，或者就近寻找电话报警。

社会安全篇

第四篇

⑱ 家遭盗窃

通常人们喜欢以开门、开窗的方式通风，然而，这些不经意的行为，给窃贼们入室偷盗提供了下手的机会。犯罪分子经常是"乘虚而入"，选择容易下手、难被人发现的地方入屋盗窃作案。如果在盗窃过程中被人发现，他们就有可能铤而走险，施行抢劫、伤人、强奸乃至杀人。当发现家中被盗窃后，我们应该如何保护自己，最大限度的挽救损失呢？

防盗小知识

 温馨提示

● 睡觉前要将大门反锁好，容易被攀爬进户的窗户尽量不要打开。

● 不要受街头骗子蛊惑，为贪图小便宜将陌生人带回家。

● 出入公共场合要注意有无陌生人尾随，贵重物品要随身携带。

● 钥匙要随身携带，不要乱扔乱放，不要把家里的钥匙挂在孩子脖子上，让犯罪分子有机可乘。丢失钥匙要及时更换门锁。

● 增强自我防范意识，保护好所有私人信息，不要在公共场合夸大、炫耀财富。

外出回家，发现被盗，我们怎么做

 应急要点

● 不要立即冲入室内，此时若有人围观，不要让围观者进入，不要向围观的人透露家中财物、现金、存折等物品的情况。

● 发现作案人仍在室内时，不要急于闯入室内进行抓捕（尤其

是老年人、体弱多病者、妇女和少年儿童），以免造成意外人身伤亡。应该先就近寻找到自卫工具并求得周围邻居、过路行人的帮助，再去围堵作案人。

● 如果作案人已经发现自己，而自己又有能力对付，也要力求先就地寻找防卫工具，再去制服对方。

● 立即向公安机关报案。公安人员到来后，要主动配合，据实说明事情经过和被盗财物情况，不要夸大或缩小事实，以免对破案产生误导。

早晨或夜间醒来，发现被盗，我们怎么做

 **应急要点**

● 如果早晨起床发现家中被盗，应立即报警，不要随便走动和翻看自己财物损失情况，以免不小心销毁罪犯的作案痕迹。

● 如果独自在家中且清醒时，罪犯进入时应大声呵斥和高声呼叫，并拿起身边可以防卫的东西。

● 如果罪犯人多，自己明显处于劣势，则可悄悄地躲进房内报警。一旦与罪犯对峙，要记清罪犯特征，不要为一些财物损失去拼命，因为保存生命是最重要的。

● 夜间遭遇入室盗窃，应沉着应对，切忌立即起身查看甚至开灯。能力许可时，将犯罪嫌疑人制服，并及时报警救助。千万不可一时冲动，造成不必要的人身伤害。

● 犯罪嫌疑人强行抢夺财物时，坚持"弃财保命"原则，首先确保人身安全。

⑲ 路遇抢劫

抢劫，是指使用暴力胁迫或其他方法，强行劫取公私财物的行为。为了达到非法占有他人财物的目的，抢劫者在实施抢劫过程中，有时往往还伤害财物所有人或保管人的人身安全。因此，抢劫对被抢劫者的财物乃至人身安全具有较大的危害性。当遇到抢劫的时候，该怎么办呢？

如何预防被抢劫

温馨提示

● 到银行存取大额款项应有人陪同，最好能以汇款方式代替提取大量现金；输入密码时，谨防他人窥探；不要随手乱扔填写有误的存、取款单；离开银行时，警惕是否有可疑人员尾随。

● 老人及少年儿童不要随身携带贵重物品和大额现金。

● 驾车外出时，应随手锁车门、关车窗，勿将皮包或现金任意置于座位上，防止犯罪分子"拍门"抢包。

● 散步、游玩活动时，不要随身携带现金和贵重物品。如果携带大量现金，最好是结伴前往。

● 外出或活动，最好是结伴而行，如果独自外出或活动，最好是避开人烟稀少、偏僻、视线不良、遭劫无援的时间和地点。

- 单独外出时，不要显露出过于胆怯害怕的神情。
- 采取正当防卫时，应有限度。防卫过当需要承担法律责任。

遭遇抢劫后，我们怎么做

 应急要点

- 保持镇定。首先要保持镇静自若的心态，冷静分析自己所处的环境，对比双方的力量，针对不同的情况，用不同的对策。千万不要表现出惊慌失措的样子，这样歹徒就很容易下手。
- 尽量避让。如有可能避开坏人的正面交锋，就要尽量地避开，向人多或有灯光的地方奔跑或者跑进商店。
- 心理制服。遭遇抢劫时不可一味求饶，让坏人觉得你软弱可欺。在可能的情况下对坏人进行心理刺激或理智周旋，当坏人心理上有所放松时，乘机跑掉。
- 及时呼救。无论在什么情况下，只要有可能，就要大声地呼救，或故意与作案者高声说话或做些动作引起旁边人的注意，从而达到自救目的。
- 拖延待机。身边没人在场，跟劫匪千万不要硬碰硬，可以给对方钱，暗中记住歹徒的人数、体貌特征、所持凶器、逃跑车辆的车牌号及逃跑方向等情况，并尽量留住现场证人。事后立即向公安机关报案。

● 科学助人。发现别人被抢时，不要贸然上前，要视情况而定，机智应对，及时拨打报警电话。

⑳ 发生爆炸事故

爆炸事故，是指由于人为、环境或管理等原因，物质发生急剧的物理、化学变化，瞬间释放出大量能量，并伴有强烈的冲击波、高温高压和地震效应等，造成财产损失、物体破坏或人身伤亡等的事故，分为物理爆炸事故和化学爆炸事故。一旦爆炸发生往往会造成重大的人员伤亡和财产损失，而面对突发爆炸事故，我们并非完全束手无策，有许多应急措施可以帮助我们减少伤害。那么，一旦发生爆炸事故，我们应该如何自救和救人呢？

当不明爆炸发生、可能伴随化学泄漏时

温馨提示

● 如果可能，尽快判断爆炸和可能化学泄漏发生的地点。立刻

远离爆炸或泄漏区。

● 如果你身边有东西掉落，应钻到结实的餐桌或书桌底下。停止掉落时，迅速离开，要当心明显不稳的地板和楼梯。从大楼撤出时，要格外小心掉落的杂物。

● 不要站在窗户、玻璃门前或其他有潜在危害的区域。

让出人行道或街道供急救人员或其他尚未撤离的人使用。

如果爆炸或泄漏发生在你所在的建筑

 应急要点

● 尽快离开。

● 如果有烟雾，低下身来。

● 不要停下来回去取个人物品或打电话。

● 切勿使用电梯。

● 如果无法离开建筑，或者无法穿过爆炸区域，那么寻找尽可能远离爆炸区的地方，然后就地采取防护措施。

如果爆炸发生时处于室外

 应急要点

● 计算一下怎样最快能找到新鲜空气。判断一下你应该尽快逃离还是进入最近的建筑就地防护。

● 如果选择逃离，判断风向，立刻向爆炸点上风方向移动。

如果决定就地防护

 应急要点

● 用好所有已知信息和你的常识，判断何时需要逃离，何时应当采取就地防护措施。

● 如果家人和宠物在身边，确保他们一起进屋。锁门、关窗、关上通风口和壁炉，关闭风扇和空调。

● 藏身在内侧的屋子里，尽可能靠近窗少的墙面，并带上应急储备物资。

● 用2～4毫米厚的塑料纸和胶条封死所有门、窗户和通风口，可以事先将塑料纸裁好以节约时间。用胶条时，先贴住角落，再封死边缘。

● 当地政府可能无法立即提供应急应对信息，但你依然应该关注电视、收音机和互联网，随时了解情况。

如果被困在废墟里

 应急要点

● 如果可能，用手电筒给救援人员打信号告知你所在位置，敲击管道或墙壁以便救援人员能找到你所在的位置。

● 不到万不得已不要大喊，因为喊叫会让你吸入大量的灰尘。

● 避免不必要的挪动，不然会搅起尘土。

● 用任何手边的东西捂住口鼻。（密织棉料用来过滤很不错，尽量通过这种材料呼吸。）

㉑ 恐怖袭击

恐怖袭击，是指恐怖组织或个人使用暴力或其他破坏手段制造的危害社会稳定、危及人民群众生命财产安全的一切形式的活动，常见形式有炸弹爆炸、毒气袭击、生物恐怖等。对于恐怖袭击者来说，其主要目的就是制造恐慌，并最大限度地伤害公众人群。尽管我们遇到这类袭击事件的概率比较低，不过有备无患。因此，我们需要具备必要的自救常识。

如何识别恐怖嫌疑人

温馨提示

● 神色慌张、言行异常者。

- 着装、携带物品与其身份明显不符，或与季节不协调者。
- 冒称熟人、假献殷勤者。
- 在检查过程中，催促检查或态度蛮横、不愿接受检查者。
- 频繁进出大型活动场所。
- 反复在警戒区附近出现。
- 疑似公安部门通报的嫌疑人员。

如何识别可疑车辆

 温馨提示

- 状态异常。车辆结合部位及边角外部的车漆颜色与车辆颜色是否一致、确定车辆是否改色；车的门锁、后备厢锁、车窗玻璃是否有撬压破损痕迹；车灯是否破损或异物填塞，车体表面是否附有异常导线或细绳。
- 车辆停留异常。违反规定停留在水、电、气等重要设施附近或人员密集场所。
- 车内人员异常。如在检查过程中，神色惊慌、催促检查或态度蛮横、不愿接受检查；发现警察后启动车辆躲避。

如何识别可疑爆炸物

温馨提示

在不触动可疑物的前提下：

- 看。由表及里、由近及远、由上到下无一遗漏地观察，识别、判断可疑物品或可疑部位有无暗藏的爆炸装置。
- 听。在寂静的环境中用耳倾听是否有异常声响。
- 嗅。如黑火药含有硫黄，会放出臭鸡蛋（硫化氢）味；自制硝铵炸药的硝酸铵会分解出明显的氨水味等。

遭遇恐怖袭击，怎么做

 应急要点

● 遇到恐怖袭击事件不要围观，应立即离开。

● 如果正处在恐怖袭击事件现场，无法躲避时，应利用地形、遮蔽物遮掩、躲藏。

● 听从公安、消防等部门的指挥，切勿制造混乱。

● 遭遇炸弹爆炸，应迅速撤离到安全的地方，不要躲入偏僻角落；如现场火灾引起烟雾弥漫时，尽量不要吸入烟尘，防止灼伤呼吸道；尽可能将身体压低，用手脚触地爬到安全处。

● 遭遇有毒气体袭击，应尽快转移至上风方向或有滤毒通风设施的人防工程内；尽可能用身边物品进行简易防护，防止毒气侵害；如果来不及转移，应尽量寻找密闭性好、可以隔绝防护的高层建筑物躲避，入室后，立即关闭门窗、电源，堵住与外界明显相通的裂缝，并尽量停留在背风处和外层门窗最少的地方，等有毒气体散后，尽快打开下风方向门窗通风。

● 遭遇匪徒枪击扫射，立即卧倒趴在地面不要动，手抱头迅速蹲下，并借助其他物品掩护。

● 遭遇生物恐怖袭击，应及时报告，并立即前往医院医治；感染者和接触者应接受隔离，不要流动，防止成为新的传染源；疫区人群尽量少出门；注意饮食安全，防止病从口入；尽可能远离居民区；注意防止被可疑昆虫、鼠类或其他动物叮咬或抓伤。

● 切勿激怒恐怖事件实施者，不要喊叫。观察现场情况，时机成熟时迅速撤走。在确保个人安全情况下，进行报警，实施自救和救助他人。

公共卫生篇

第五篇

22 食物中毒

食物中毒，是指食用被细菌性或化学性毒物污染的食物，或误食本身有毒的食物，引起急性中毒性疾病，分为细菌性食物中毒、真菌毒素中毒、动物性食物中毒、植物性食物中毒、化学性食物中毒。食物中毒主要表现在剧烈呕吐、腹泻，伴有中上腹部疼痛，常会因上吐下泻而出现脱水症状，如口干、眼窝下陷、皮肤弹性消失、肢体冰凉、脉搏细弱、血压降低等，甚至休克。

发生食物中毒，我们怎么做呢?

如何预防食物中毒

温馨提示

● 不食用病死的禽畜肉，不吃变质、腐烂、过期食品。

● 不要采摘、捡拾、购买、加工和食用来历不明的食物、死因不明的畜禽或水产品以及不认识的野生菌类、野菜和野果。

● 加工、贮存食物时要做到生、熟分开。食物必须煮熟煮透，不生吃海鲜、河鲜、肉类，隔夜的食品在食用前必须加热煮透后方可食用。

● 要做好饮用水源的保护，保证水质卫生安全;不要饮用未经煮沸的生活饮用水。

● 妥善保管有毒有害物品，农药、杀虫剂、杀鼠剂和消毒剂等不要存放在食品加工经营场所，避免被误食、误用。

食物鉴别小知识

温馨提示

● 食品腐败变质会产生异味，如腐臭味、酸味或酒味、霉味、"哈喇味"。

● 微生物繁殖引起食品腐败变质时，食品色泽就会发生改变，常会出现黄色、紫色、褐色、橙色、红色和黑色的片状斑点或全部变色。

● 固体食品变质，食品的性状会变形、软化；鱼肉类食品变质，肌肉会变得松弛、弹性差、摸起来发黏等；液态食品变质后会出现浑浊、沉淀、变稠等现象；变质的牛奶可出现凝块、乳清析出、变稠等现象，有时还会产生气体，也就是我们所谓的"涨袋"现象发生。

发生食物中毒，我们怎么做

应急要点

● 立即停止食用可疑食品，喝大量洁净水以稀释毒素，用筷子或手指向喉咙深处刺激咽后壁、舌根进行催吐，并及时就医。用塑料袋留好呕吐物或大便，带去医院检查，有助于诊断。

● 出现抽搐、痉挛症状时，马上将病人移至周围没有危险物品的地方，并取来筷子，用手帕缠好塞入病人口中，以防止其咬破舌头。并立即送医院救治。

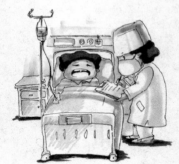

● 了解与病人一同进餐的人有无异常，并告知医生和一同进餐者。

● 误食强酸、强碱后，及时服用稠米汤、鸡蛋清、豆浆、牛奶等，以保护胃黏膜。

● 尽早把病人送往医院诊治。

㉓ 农药中毒

农药中毒，是指农药进入人体后超过最大忍受量，人的正常生理功能受到影响，使生理失调、病理改变等。主要症状有呼吸障碍、心搏骤停、休克、昏迷、痉挛、激动、烦躁不安、疼痛、肺水肿、脑水肿等。居民在使用农药的过程中如何防止中毒呢？

如何预防农药中毒

 应急要点

● 配制药液或使用农药拌种时，最好要戴防护手套，并注意检查防护手套是否有破损。如果手上不小心沾染了一些农药，要立即用肥皂水反复清洗。

● 喷洒农药前，要检查器械工具是否有泄漏情况。

● 如果喷洒过程中，药液漏在衣服或皮肤上，要立即更换衣物，并用肥皂水清洗皮肤。

● 夏天，喷洒农药最好在早晨和傍晚进行，喷洒时要穿戴长袖上衣和长裤，并穿胶鞋和戴口罩。喷洒完毕后立即更换衣物，并将更换下的衣物用肥皂清洗，同时洗手、洗脸，最好立即洗澡。

● 喷洒时，不要逆风向作业，也不要人向前行左右喷药，更不要多人交叉站位近距离喷药。

● 施药过程中，最好不要吃东西、饮水或吸烟。喷洒作业时，不要连续工作时间过长，也不要施药后不久就进行田间劳动。

● 老人、儿童、孕妇和哺乳期妇女容易发生农药中毒，最好不要进行施药作业。

● 家中的农药要妥善保存，放在儿童接触不到的地方。不要在放置食物和餐具的地方喷洒农药，也不要喷洒在儿童玩具、床铺上。

● 储存农药地方要远离食物储存地或水源，以避免污染食物和水。

农药中毒后，我们怎么做

应急要点

● 迅速把病人转移至有毒环境的上风方向通风处。

● 立即脱去被污染的衣物，用微温（忌用热水）的肥皂水、稀释碱水反复冲洗体表 10 分钟以上（"敌百虫"中毒用清水冲洗）。

● 眼部被污染的，立即用清水冲洗，至少冲洗 10 分钟。

● 口服农药后神志清醒的中毒者，立即催吐、洗胃，越早越彻底越好。

● 昏迷的中毒者出现频繁呕吐时，救护者要将他的头放低，并偏向一侧，以防止呕吐物阻塞呼吸道引起窒息。

● 中毒者呼吸、心跳停止时，立即在现场施行人工呼吸和胸外心脏按压，待恢复呼吸心跳后，再送医院治疗。

24 流感爆发

流行性感冒（简称流感），是指由流感病毒引起，具有高度传染性的急性呼吸道传染病。流感发病快，传染性强，发病率高，主要通过空气飞沫传播。流感主要症状表现为重则发烧在 38℃以上，浑身酸痛、头痛明显，轻则出现呼吸道症状，如咳嗽、流鼻涕等。老年人、儿童、孕妇和体弱多病者患流感后，容易引发严重的并发症，甚至致人死亡。居民应该如何预防和应对流感呢？

如何预防流感等疾病

温馨提示

● 发生流感时，尽量避免外出活动；不要去商场、影剧院等公共场所；必须出门时，应戴口罩。

● 咳嗽、打喷嚏时应使用纸巾等，避免飞沫传播。

● 经常彻底洗手，避免脏手接触口、眼、鼻。

● 加强户外体育锻炼，提高身体抗病能力。

● 秋冬气候多变，注意加减衣服。

● 无论何种原因，如身体持续发热，都应尽早就医。

● 保持室内空气流通，即使在冬季，每天也要开窗通风3次以上，每次至少10～15分钟。空调设备应定期清洗空气过滤网。

● 必要时定期注射流感疫苗。

● 流感患者应该隔离1周或至主要症状消失，其用具及分泌物要彻底消毒，以免传染给他人。

应急要点

● 卧床休息，多饮水，给予流质饮食，适宜营养，补充维生素。

进食后以温开水或温盐水漱口，保持口鼻清洁，全身症状明显时予抗感染治疗。

● 有流感症状时，要注意休息，多喝水，开窗通风。

● 流感早期服用感冒冲剂或板蓝根冲剂，可以减轻症状。

● 流感病人应与家人分餐、分室居住。

● 流感病人的擤鼻涕纸和吐痰纸要包好，扔进加盖的垃圾桶，或直接扔进抽水马桶用水冲走。

● 重病人应在医院隔离治疗。

● 得了流感，病人身体素质下降，身体功能紊乱，不宜吃辛辣食物。食物可以以粥和汤为主。

自然灾害篇

第六篇

25 暴雨天气

暴雨，是指日降水量达到或超过 50 毫米。暴雨通常表现出局地性和突发性强的特点，易造成城市道路积水、交通瘫痪、危旧房屋坍塌，严重的会使河水暴涨、山洪暴发、泥石流和山体滑坡、房屋被冲毁等，给社会经济和人民群众生命财产带来危害和损失。

夏季为暴雨高发季节，居民应掌握一些暴雨预防及避险自救的方法，以应对暴雨来袭。

 应急要点

● 暴雨来临，楼房居民关好门窗，切断电源，避开金属，切勿逗留阳台。

● 身处街道，立即到室内避雨，不要在高楼下、大型广告牌下停留，以免砸伤。

● 随时关注当地气象部门发布的暴雨预警信息，根据等级进行必要的预防措施。

26 大风天气

对生活、生产产生严重影响的风称为大风。世界上，每年因飓风和台风造成的损伤不计其数，虽然我们可能很少遇到这样的飓风，但是一般的大风，我们经常能够遇到，那么面对突如其来的大风，我们该怎么办呢？

![应急要点]

● 大风来临，随时关注本地气象部门在各种渠道发布的大风天气预警信息，做好必要的防护措施，老人、小孩留在家中，避免外出，及时加固已被风吹动的搭建物，妥善安置室外物品。

● 机动车和非机动车驾驶员应减速慢行，不要将车辆停在高楼、大树下方，防止砸伤。

● 走在工地附近，应远离并快速通过，不要在高大建筑物、广告牌或大树的下方停留。

● 停止高空、水上等户外作业；停止露天集体活动，并疏散人员。

27 暴雪天气

暴雪会妨碍交通、通信、输电线路安全；冻坏农作物，导致农作物歉收或严重减产，对蔬菜生产和供应造成不利影响；伴随的低温冻害，致使老人及牲畜冻伤或冻死，造成道路结冰，致使交通事故多发或行人跌倒或摔伤。

由此可见，暴雪不仅给人们的生活、出行带来了诸多不便，还会造成人员伤亡。我们应该如何应对暴雪天气呢？

应急要点

● 注意防寒保暖，老、弱、病、幼人群不要外出。

● 出门走路不要穿硬底或光滑鞋，骑车人可适当给轮胎放气。

● 关好门窗，固紧室外搭建物。

● 如是危房、旧房，遇暴风雪时应迅速撤出。

● 采用煤炉取暖的家庭要提防煤气中毒。

● 随时关注当地气象部门在各种渠道发布的暴雪天气预警信息，做好必要的预防措施，同时配合有关部门工作。

28 雷电天气

　　雷电是伴有闪电和雷鸣的一种雄伟壮观而又令人生畏的放电现象。雷电一般产生于对流发展旺盛的积雨云中，因此常伴有强烈的阵风和暴雨，是最严重的自然灾害之一。

　　雷电产生的高温、猛烈的冲击波以及强烈的电磁等物理效应，使其能在瞬间产生巨大的破坏作用，常常会造成人员伤亡，击毁建筑物、供配电系统、通信设备，引起森林火灾，造成计算机信息系统中断，仓储、炼油厂、油田等燃烧甚至爆炸，危害人民财产和人身安全，对航空航天等运载工具也威胁很大。出现雷电天气，我们应该怎么做呢？

应急要点

● 随时关注当地气象部门在各种渠道发布的雷电预警信息，做好必要的预防措施。

● 在室内，应关闭门窗，远离水管、煤气管等金属物体。关闭家用电器，拔掉电源插头，防止雷电从电源线入侵。

● 在室外，在空旷地带无处躲避时，不要跑动，不要打伞，应尽量寻找低洼处（如土坑）藏身，或双脚并拢，就地蹲下。

● 在户外不要使用手机，远离孤立的大树、高塔、电线杆、广告牌等。对被雷电击中的人员，应立即采用心肺复苏法（人工呼吸）抢救。

29 道路结冰

出现道路结冰时，由于车轮与路面摩擦作用大大减弱，容易打滑、刹不住车，造成交通事故。行人也容易滑倒，造成摔伤。所以，我们需要掌握一些应急知识来防止人身受到伤害。

应急要点

● 随时关注当地气象部门在各种渠道发布的道路结冰预警信息，做好必要的预防措施。

● 居民不要随意外出，特别是要少骑自行车；确保老、幼、病、弱人群留在家中。

● 居民外出要采取保暖措施，耳朵、手脚等容易冻伤的部位，尽量不要裸露在外；要当心路滑跌倒，穿上防滑鞋。

● 因道路结冰路滑跌倒，不慎发生骨折，应做包扎、固定等紧急处理。

30 雾霾天气

霾，也称灰霾（烟霾），是指因大量烟、尘等微粒悬浮在空气中而形成的浑浊现象，一般定义为直径小于等于 2.5 微米的污染物颗粒。雾霾，就是雾和霾的统称。

雾霾的出现给驾车出行和交通运输及其他一些社会活动带来了不利影响。同时，雾霾对农作物危害也很大，农作物、水果、蔬菜在生长过程中黏附上有害雾滴，不但会使果实蔬菜上长斑点，而且能促进霉菌的生长，造成农作物减产。由于大气污染，雾霾对人体的危害也很大，雾霾天气下，鼻炎、咽炎、支气管炎、肺癌发病率明显增多。

应急要点

● 随时关注当地气象部门在各种渠道发布的雾霾预警信息，做好必要的预防措施。严格遵守政府部门治理雾霾的相关工作规定，配合做好雾霾天气紧急处置措施。如北京市红色预警时，必须配合进行全市范围内单双号限行、禁止露天烧烤等"六停一冲"（"六停一冲"是指：部分工业企业、建设单位停产、停工，停放烟花爆竹，停止经营露天烧烤，机动车单双号限行、易扬尘运输车辆停运，中小学和幼儿园停课，水车作业冲洗道路、实施喷雾。）措施。

● 居民不要随意外出，特别是减少户外运动；确保老、幼、病、弱人群留在家中。

㉛ 高温天气

气温在35℃以上时可称为"高温天气"，这种天气会对人们的工作、生活和身体产生不良影响。我们应该如何应对高温天气呢？

应急要点

● 随时关注当地气象部门在各种渠道发布的高温预警信息，做好必要的预防措施。

● 高温时段应减少户外活动或工作，外出要做好防晒措施，避免阳光灼伤皮肤。

● 注意休息，多喝防暑饮品；饮食以清淡为主，准备一些防暑药品，如清凉油、十滴水等。

● 大汗淋漓时，切记狂饮冰水、冷冻饮料或冷水冲澡；室内空调温度不宜过低，保证合理的室内外温差。

● 发现中暑人员应立即转移到阴凉通风处，脱去外衣，服用防暑药品；有老幼病弱、高血压或心肺疾病患者家庭，应悉心照料，尽量减少其外出活动，出现胸闷、气短等症状时，应及时就医。

32 沙尘天气

沙尘暴也称沙暴或尘暴，是指强风扬起地面的尘沙，使空气浑浊。沙尘暴是我国西北地区和华北北部地区出现的强灾害性天气之一。沙尘暴会使生态环境恶化，土地资源减少，人民生产生活受影响，影响交通、电力等基础设施运行和农业生产，造成生命财产损失。

如果发生沙尘暴，我们应该如何减少伤害呢？

应急要点

● 随时关注当地气象部门在各种渠道发布的沙尘预警信息，做好必要的防护措施。沙尘天气，家中应及时关闭门窗，必要时可用胶条对门窗进行密封。

● 外出时要戴口罩，用纱巾蒙住头，以免沙尘侵害眼睛和呼吸道造成损伤。应特别注意交通安全。

● 机动车和非机动车应减速慢行，驾驶员要密切注意路面情况，谨慎驾驶。

● 妥善安置易受沙尘暴损坏的室外物品。

㉝ 地震

地震,是指地球内部介质局部发生急剧破裂,产生震波,从而在一定范围内引起地面震动的现象。强烈的地震,会引起地面强烈的震动,直接和间接地对社会及自然造成破坏。地震的直接破坏情况有:由于地面强烈震动引起的地面断裂、变形、冒水、喷沙和建筑物损坏、倒塌以及对人畜造成的伤亡和财产损失等。

发生地震时,给人的应对时间通常很短,逃出室外可能没有完全的把握,加之当前居住楼房的居民十分普遍,所以面对地震,在室内进行避震可能更有现实意义。

家中

应急要点

● 保持镇定并迅速关闭电源、煤气、自来水开关。

● 打开出入的门,抓个垫子等保护头部,尽快躲在固定家具、桌子下或靠建筑物中央的墙站着。

● 如果是 2 ~ 3 层楼,可以跑出去,但需要躲避在空旷的地方;如果是高层楼,切勿跑出,选择卫生间等容易形成三角空间的区域躲避。

● 不要选择窗户附近躲避,防止玻

璃震破后造成伤害。

体育馆、电影院

 应急要点

● 最忌慌乱，要冷静观察周边环境，注意避开吊灯、电扇等悬挂物，用书包等物品或双手保护头部。

● 当场内断电时，不要乱喊乱叫，更不得乱挤，要立即躲在排椅、台脚边或坚固物品旁，或者就近躲到开间小的房间如洗手间，待地震过后在相关人员统一指挥下再有序地分路迅速撤离，就近在开阔地带避震。

超市、商场

 应急要点

● 在超市、商场遇到地震时，要保持镇静。由于人员众多，慌乱中容易导致货架倾倒、商品下落，可能使避难通道阻塞，尽可能避开人流。

● 小心选择出口，避免遭人踩踏，切记不要使用电梯。可选择结实的柜台、商品（如低矮家具等）或柱子边，以及内墙角处就地蹲下，用手或其他东西护头。

● 避开玻璃门窗和玻璃橱窗，也可在通道边蹲下，等待地震平息，有秩序地撤离出去。

地铁、地下超市、地下商业街

 应急要点

● 不要使用电梯。可选择空间内结实的柜台、商品（如低矮家

具等）或柱子边，以及内墙角处就地蹲下，用手或其他东西护头。

● 不要慌忙挤向出口，以免发生拥挤事故，疏散时要听从地铁工作人员和地下商业区现场指挥人员安排，切忌慌乱逃生。

● 如人群拥挤，要防止踩踏，原地躲避，等震后迅速撤离。

室外

应急要点

● 当遇到地震时，要迅速撤离到开阔地带，远离高大的游乐设施和其他建筑物。

● 如在湖中游船上，船会左右摇晃，不要慌张，船上人员应均匀分坐两边，以免船在摇动中侧翻。将船划到开阔的岸边停靠稳定后，上岸避险。

34 泥石流

泥石流是暴雨、洪水将含有沙石且松软的土质山体经饱和稀释后形成的洪流，它的面积、体积和流量都较大，典型的泥石流由悬浮着粗大固体碎屑物并富含粉砂及黏土的黏稠泥浆组成。泥石流通常来势凶猛，能冲进乡村、城镇，摧毁房屋、工厂、企事业单位及其他场所设施。淹没人畜、毁坏土地，甚至造成村毁人亡的灾难。

夏季是泥石流的高发期，一旦发生泥石流极易造成人员伤亡。那么我们应该如何最大限度地保护自己，有效避免伤害呢？

应急要点

● 在山谷内逗留或活动时，一旦遇到大雨、暴雨，要迅速转移到安全的高地，不要在低洼的区域或陡峻的山坡下躲避、停留。

● 发现泥石流来袭时，要马上向沟岸两侧高处跑，爬得越高越好，跑得越快越好，千万不要顺沟方向往上游跑。

● 野外扎营时，要选择平整的高地作为营址，尽量避开有滚石和大量堆积物的山坡下或山谷、沟底。

35 地面坍塌

地面塌陷指地表岩、土体在自然或人为因素的作用下，向下陷落，并在地面形成塌陷坑洞的一种地质现象。当这种现象发生在有人类活动的地区时，便成为一种地质灾害。地面塌陷会破坏地面建筑，造成人员伤亡；损毁公路、铁路和水利设施；破坏农田，引发矿井水患等。如果发生地面塌陷，我们应该如何保护自己呢？

应急要点

● 塌陷发生后，对邻近建筑物的塌陷坑应及时填堵，以免影响建筑物的稳定。

● 建筑物附近的地面裂缝应及时填塞，地面的塌陷坑应拦截地表水防止其注入。

● 严重开裂的建筑物应暂时封闭，待进行危房鉴定后才确定应采取的措施。

● 放牧及采集山货时，不要贸然进入塌陷危险区域内。

户外旅游篇

第七篇

㊱ 野外登山

登山已成为一项勇敢者所进行的探险活动，它不只是攀爬山壁、享受一览无余、尽收眼底的美景以及体验野外生活而已，登山也是一种挑战，既要冒生命危险，又要备尝艰难困苦。登山十分刺激，带来启发和乐趣，其魅力已不仅仅限于是消遣或运动，更令人为之着迷，有时甚至欲罢不能。但登山过程充满挫折，有时甚至会危及生命。

我们应该怎么做才能在享受登山的过程中，保证自身生命安全呢？

野外登山安全常识

温馨提示

● 户外运动不同于景点旅游，服务配套设施并不完善；需要个人临行前做好准备，定期检查健康并保持良好体能状态。

● 必备的装备如保暖御寒衣物、雨具、饮用水、食物、头灯等不可短缺。

● 应该跟随有经验及有责任感的户外领队同行；刚开始参加活动，建议选择正规的户外运动俱乐部参与体验，积累知识、技能及经验后再相约同行。

● 请勿穿着新购或不合脚的登山、徒步鞋来参加活动，建议行前自我磨合鞋与脚，并在出发前一周修剪脚趾甲。

● 活动队伍不可拉得过长，随时留意保持前后呼应，避免单独行动，落单最易发生意外。

● 迷路时应折回原路，切勿惊慌或沿溪下行（降），设法寻找庇护所，静待救援。要保持体力，平稳情绪，互相安抚。

● 在雷暴雨季或台风多发季节，要随时关注气象预报变化信息。

● 活动前要进行必要的运动暖身操，活动的前30分钟步伐不宜太大；待全身暖身适应、呼吸畅顺后，以适合自己的舒适节奏匀速行走。

● 行进途中应注意身体状况，若有不舒服，要立即告知领队或较有经验的伙伴，切莫抱有勉强或不好意思拖累的心态。

● 应理智评估自己的户外活动能力，不要尝试做超过自己能力与知识的决定与行为。通过困难地形时如感觉没有安全把握，应请领队与协作人员及周围同伴相助通过。

● 小心用火，严禁乱丢烟蒂，避免导致森林火灾。

● 将活动计划行程，告知同伴及有经验处理山野意外的留守人员。

● 个人特殊药物及救生资料卡，请务必携带，不怕一万，就怕万一。

● 保护自身安全健康，避免运动过量至运动伤害；尤其是膝盖、脚踝及腰椎。

● 活动结束，最好做放松调整操；恢复饮食，碱性食谱，更利恢复。

● 应选择林间主干道或小道行走，进入前定好方位角，观察好下一个相对较高的树木等目标点，一段段推进，前队可以用一面红色或较鲜艳的小旗指引后队方向，以免迷路。

● 在浓密的灌木丛中行走，要提前穿好长袖衣裤，带上圆形丛林帽和手套，避免和减少蚂蟥、带刺树枝等动植物的潜在意外伤害；前面的队员建议手持登山手杖"扫路"前进，打草惊蛇；用正确的丛林鞋带绑扎方法绑好鞋子，避免因鞋带过长挂树枝而影响行进。

登山发生事故后，我们怎么做

应急要点

● 被昆虫叮咬或蜇伤时：用冰或凉水冷敷后，在伤口处涂抹氨水。如果被蜜蜂蜇了，用镊子等将刺拔出后再涂抹氨水或牛奶。

● 外伤出血：在野外备餐时如被刀等利器割伤，可用干净水冲洗，然后用手巾等包住。轻微出血可采用压迫止血法，一小时过后每隔10分钟左右要松开一下，以保障血液循环。

● 若遭遇严重落石，须趁着停止落石的空档，迅速逃离现场，但事先应寻找能躲避落石的大岩石下或转弯角落以躲避。择机安全、快速通过。

● 暴雨或连日阴雨后，应避免走近或停留在峻峭山坡附近。

● 斜坡底部或疏水孔有大量泥水透出时，就表示斜坡内的水分已饱和。斜坡中段或顶部有裂纹或有新形成的梯级状，露出新鲜的泥土等，都是山泥倾泻崩塌的先兆，应远离这些斜坡。

● 如遇山泥倾泻崩塌阻路，切勿尝试踏浮泥前进，应立刻后退，另寻安全小径继续行进或中止行程。

③⑦ 户外滑雪

滑雪是很多人喜爱的户外运动。滑雪过程中，会遇到多种寒冷天气和运动伤害等潜在危害，我们如何在滑雪过程中保护自己呢?

户外滑雪安全常识

 温馨提示

● 备足御寒衣物，不要单独一个人外出滑雪，以免出事后既无人知晓，又无人救援。

● 不要擅自滑出滑雪场界限。

● 饮酒后不要外出滑雪，一旦醉卧在外，非常容易发生冻伤。

● 要穿色彩鲜艳的服装，以便能被及时发现。

● 外出滑雪时要告诉家人或朋友自己的去处、归期等信息，以便出现意外时，能及时救援。

滑雪发生事故后，我们怎么做

应急要点

● 滑行中如果失控跌倒，应迅速降低重心，向后坐，不要随意

挣扎，可抬起四肢，屈身，任其向下滑动，要避免头朝下，更要绝对避免翻滚。

● 遇到事故时，应该停下来提供尽可能的帮助，同时要确保营救队已被通知到，以及事故发生的确切地点也已被告知。

● 若独自在偏僻的地方滑雪，因意外摔伤，先把衣服撕成布条（为了身体保暖，应撕衬衣的袖子或内衣，不要撕外衣），然后包扎伤口止血。在伤口上放些雪，可减轻肿胀。

● 若摔断腿，可在断腿的两侧绑上夹板（可用雪杖或树枝代替）；在骨折处的上下部位包扎。不要在雪地行走，以免陷在雪中再度受伤。应俯卧在一块或两块雪板上，用以手撑地前行，寻求援救。

● 若在偏僻的山坡上同伴折断腿骨，应该立刻施行急救。用雪板、雪杖和夹克（或围巾）做一个临时担架，但不要用伤者的夹克，因为伤者需要保暖。小心地拉担架向有人的地方慢慢走去。若非滑雪能手，不要滑雪而应徒步。

● 遇到雪崩时，切勿向山下跑，雪崩的速度可达每小时 200 千米，应该向山坡两边跑，或者跑到地势较高的地方。

● 遇到事故后应抛弃身上所有笨重物品，如背包、滑雪板、滑雪杖等。带着这些物品，倘若陷在雪中，活动起来会显得更加困难。

● 切勿用滑雪的办法逃生。不过如处于雪崩路线的边缘，则可疾驶逃出险境。

● 跑不过雪崩的话，闭口屏气是最好的选择，因为气浪的冲击更可怕。如果雪崩不是很大，你可以抓住树木、岩石等坚固物体。

● 抓紧山坡旁任何稳固的东西，如矗立的岩石之类。即使有一阵子陷入其中，但冰雪终究会泻完，那时便可脱险了。

● 如果被雪崩冲下山坡，要尽力爬上雪堆表面，平躺，用爬行姿势在雪崩面的底部活动，休息时尽可能在身边造一个大的洞穴。在雪凝固前，试着到达表面。

● 如果被雪埋住，一定要奋力破雪而出，因为雪崩停止数分钟后，碎雪就会凝成硬块，手脚活动困难，逃生难度更大。

● 如果雪堆很大，一时无法破雪而出，就双手抱头，尽量造成最大的呼吸空间。让口中的口水流出，以确定自己的真实上下方位，然后往上方破雪自救。

(38) 野外迷路

 应急要点

● 外出时，要向家人或朋友交代好去向和归期，一旦没有在约好的时间联络，对方会帮助报警。

● 在路途中做好标记。途中需要改变线路时，应及时做好标志。

● 在人烟稀少、人迹罕至的陌生地段一旦迷失方位，在无法判明道路的情况下，可搭建简单的庇护场所，不要进行大运动量的操作，注意保持体能。

● 释放求救信号。白天可借燃烧产生的烟尘向外界示警。夜晚可利用强光手电或篝火向天空和附近山顶进行一定规律的晃动照射。

● 及时补充饮食，取暖保温。提前准备好充足的食物和保温衣物等物品。

伤害急救篇

第八篇

㊴ 溺水伤害

溺水是落水者因口腔和鼻腔中被水充满或喉痉挛而发生窒息，常因患者不断挣扎会加重窒息，并发生缺氧和昏迷。如水继续被吸入肺中，患者可因缺氧而死亡。

在海边、河边玩耍或去泳池游泳，对水情不熟悉而贸然下水，极易造成生命危险。那么我们应该如何保证游泳的健康和安全，避免溺水事件发生？万一不幸遇上了溺水事件，我们又该如何自救和救人呢？

预防溺水小常识

温馨提示

- 下水时切勿太饿、太饱。饭后一小时才能下水，以免抽筋。
- 下水前试试水温，若水太冷，就不要下水。
- 若在江、河、湖、海游泳，则必须有人陪伴，不可单独游泳。
- 下水前观察游泳处的环境，若有危险警告，则不能在此游泳。
- 不要在地理环境不清楚的峡谷游泳，因为这些地方的水深浅不一，且水中可能有伤人的障碍物，很不安全。

● 在海中游泳，要沿着海岸线平行方向而游，游泳技术不精或体力不充沛者，不要涉水至深处。可在海岸做一标记，留意自己是否被冲出太远，及时调整方向，确保安全。

● 对自己的水性要有自知之明，下水后不要逞能，不要贸然跳水和潜泳，更不能互相打闹，以免呛水和溺水。不要在急流和漩涡处游泳，更不要酒后游泳。

● 在游泳过程中如果突然觉得身体不舒服，如眩晕、恶心、心慌、气短等，要立即上岸休息或呼救。

发生溺水事故，我们怎么做

应急要点

● 首先保持呼吸道畅通，迅速清除口腔、鼻咽部的异物（如淤泥、杂草等）。

● 平卧位，头侧向一侧或俯卧位，面朝下，注意保温。

● 不过于费时强调"控水"，以免延误抢救时机。

● 发现溺水者呼吸心跳停止，瞳孔散大，口唇青紫明显，神志不清，应立即进行口对口人工呼吸。

● 呼叫急救人员前来救援。

● 未成年人不宜下水救人，可采取报警求助的方式。

● 进行现场抢救的同时，尽快拨打120急救电话。

40 中暑

高温中暑是在气温高、湿度大的环境中，从事体力劳动，发生体温调节障碍，水、电解质平衡失调，心血管和中枢神经系统功能紊乱为主要表现的一种症候群。中暑病情与个体健康状况和适应能力有关。

夏季是中暑的高发期，主要因为夏季太阳过于强烈、所处环境温度过高，导致身体产生的热能得不到及时排出体外。那么面对这类情况，我们应该怎么办呢？

预防中暑小常识

温馨提示

● 在高温天气应做到：室内要通风，尽可能把室温降至 26 ～ 28℃，室内外温差在 8℃以内。

● 多喝水，要喝温开水，不要喝冰水；要定时饮水，不要等口渴时再喝；要喝烧开过的水，不要喝生水；要喝新鲜温开水，不要喝"陈"水；还可以多喝加淡盐的温开水。

● 多吃苦瓜、苦菜、苦丁茶、苦笋等苦味菜，有利于泄暑热和除燥暑湿。

● 喝一些稀释的电解质饮料，要远离酒精、咖啡因和香烟。

● 适当吃一些凉性蔬菜，如番茄、茄子、生菜、芦笋等。

● 多吃各种瓜类，冬瓜利尿消炎、清热解毒；丝瓜解暑祛风、化痰凉血；苦瓜祛暑清心；黄瓜中的纤维素可以排出肠道中腐败的食物，降低胆固醇；南瓜补中益气，消炎止痛。

● 中暑有可能导致身体在连续几天内逐渐虚脱，所以如果出现体重在数天内直线下降的情况，应加以留意。

● 外出不要打赤膊，以免吸收更多的辐射热，通风的棉衫和赤膊相

比更有消暑的作用。

● 夏天外出要戴帽子以减缓头颈吸热的速度。

● 保证充足睡眠，合理安排作息时间，不宜在炎热中午的强烈日光下过多活动。

● 慢慢地适应气温的转变，从事户外活动时要放慢速度，不要逞能。

● 穿浅色的衣服，棉花及聚酯合成的衣物最为透气。

● 多洗澡，使汗水离开人体。

发生中暑后，我们怎么做

 应急要点

● 一旦出现头昏、头痛、口渴、出汗、全身疲乏、心慌等症状，应立即脱离中暑环境，及时采取纳凉措施。

● 中暑后，立即将病人移到通风、阴凉、干燥的地方，使病人仰卧，解开衣领，脱去或松开外套。同时开电扇或空调（应避免直接吹风），以尽快散热。

● 用湿毛巾冷敷头部、腋下以及腹股沟等处，有条件的话用温水擦拭全身，同时进行皮肤、肌肉按摩，加速血液循环，促进散热。意识清醒的病人或经过降温清醒的病人可饮服绿豆汤、淡盐水，或服用人丹、十滴水、藿香正气水（胶囊）等解暑。

● 一旦出现高烧、昏迷抽搐等症状，应让病人侧卧，头向后仰，保持呼吸道通畅，同时立即拨打120电话，求助医务人员给予紧急救治。

㊶ 烧烫伤

　　生活中烧烫伤较常见，尤其儿童易被热饭、开水壶、火炉或开水烫伤或烧伤，有时煤气灶具漏气、油锅起火导致的火灾，交通事故时交通工具起火爆炸等情况下，也会造成烧烫伤。烧烫伤轻者小面积皮肤潮红、起水泡，重者大面积皮肤烧焦、肌肉骨骼坏死，造成残疾，甚至危及生命。

　　烧烫伤如此厉害，如果能掌握一定的应急处理烧烫伤的办法，就可以在被烧烫伤的情况下进行自救，或在现场对病人进行正确急救，大大地减少病人伤残，甚至可以挽救他人生命。

防止烧烫伤小常识

温馨提示

　　● 从炉火上移动开水壶、热油锅时，应该戴上手套用布衬垫，防止直接接触导致烫伤；端下的开水壶、热油锅要放在人不易碰到的地方。

　　● 家长在炒菜、煎炸食品时，注意不要让小孩在周围玩耍、打扰，以防被溅出的热油烫伤；成人在学习做菜时，注意力要集中，不要把水滴到热油中，否则热油遇水会飞溅起来，把人烫伤。

　　● 油是易燃的，在高温下会燃烧，做菜时要防止油温过高而起火。万一锅中的油起火，千万不要惊慌失措，应该尽快用锅盖盖在锅上，并且将油锅迅速从炉火上移开或者熄灭炉火。

● 家里的电熨斗、电暖器等发热的器具会使人烫伤，在使用中应当特别小心，尤其不要随便去触摸。

● 冬季防寒使用保暖用品如热水袋、暖手煲等，要特别注意温度，防止温度过高引起烫伤。

● 逢年过节，要购买质量有保障的烟花爆竹，并且正确燃放，尤其是孩子应在大人的帮助下燃放烟花爆竹。

● 家用强力清洁剂，如除污剂、碱水、浓硫酸等使用要特别注意，尤其避免被孩子误食或泼洒在暴露的皮肤上。

发生烧烫伤后，我们怎么做

 应急要点

● 首先，迅速脱离热源，如身上或衣物上有火苗，可用毯子或让烧伤的人员在地板上翻滚扑灭火苗。

● 可以把烧伤的身体局部放在备有凉水的容器之中，或者用凉水冲洗。在冷却烧伤部位后，可用大小合适的敷料适当松紧地覆盖在烧伤部位，直至疼痛消失。

● 不要强行剥离与皮肤黏在一起的衣物，可以剪掉周围的衣服。剪刀不要碰到伤口、水泡，不涂紫药水、红药水和其他药膏，以免影响创面观察。

● 如果烧伤面积超过手掌大小时，应立即拨打120急救电话。

㊷ 骨折

骨折是指骨结构的连续性由于外力所致完全或部分断裂，多见于儿童及老年人，中青年人也时有发生。病人常为一个部位骨折，少数为多发性骨折。骨折经及时恰当处理，多数病人能恢复原来的

功能，少数病人可遗留有不同程度的后遗症。

很多情况下我们会因为这样或那样的原因而骨折，有时候可能无法马上送到医院，在这个时候的紧急处理显得很重要。学会了这些紧急的处理方法将会在一些情况下帮我们很大的忙，当然使用这些方法需要一定的技巧，因此最好在专业人士的指导下进行，这样才能避免对骨折病人造成更多不必要的损伤。

预防骨折小常识

温馨提示

● 在日常生活及工作中以安全第一，时刻注意就能减少骨折发生。

● 儿童走路不稳，容易摔倒，尤其不能到高处玩耍。要教育和看好儿童，避免摔伤。

● 少年活泼好动，好奇心强，家长及老师要做好教育工作，不要爬墙上树。

● 老年人手脚活动不便，雨雪天及夜晚尽量不要外出，外出时要有人搀扶或持拐杖，夜晚外出要有照明工具，上街最好不骑自行车，不要到拥挤的公共场所。

● 加强体育锻炼，练习身体的平衡和协调能力，增强骨骼的硬度，防止意外的骨骼脱臼。患有骨质疏松的老年人应根据医生意见，选择适合自己的锻炼运动。

发生骨折后，我们怎么做

 **应急要点**

● 发生骨折后，应当迅速使用夹板固定患处，但不应固定过紧，不然会压迫血管引起瘀血。

● 固定方法可以用木板附在患肢一侧，在木板和肢体之间垫上棉花或毛巾等松软物品，再用带子绑好。木板要长出骨折部位以上，做超过关节固定。必要时，可用树枝、擀面杖、雨伞、木板、报纸卷等物品代替。

● 皮肤有破口的开放性骨折，由于出血严重，可用干净消毒纱布压迫，在纱布外面再用夹板。压迫止不住血时，可用止血带，并在止血带上标明止血的时间。

● 不能硬碰伤员肢体，防止发生二次伤害。

(43) 踝骨扭伤

踝关节是人体距离地面最近的负重关节，是全身负重最多的关节，它的稳定性对于日常的活动和体育运动的正常进行起重要的作用。踝关节韧带扭伤是运动中最容易发生的关节部位损伤，约占所有运动损伤的40%，它是指踝关节外侧副韧带、内侧副韧带和胫腓韧带联合的损伤。踝关节扭伤尤以内翻损伤造成外侧副韧带拉伤撕裂甚至断裂的多见。当行走和疾跑落足、踩空或从高处坠落时，足外缘着地，足跖猛然内收，可引起踝外侧韧带被牵伸而扭伤，甚至部分撕裂，还可合并外踝撕脱性骨折。

关节扭伤后应及时处理，如果处置不当容易形成习惯性扭伤。

我们在日常生活中，应如何预防和应对踝部扭伤呢？

预防踝部扭伤小常识

温馨提示

● 平时注意进行踝关节周围肌肉力量和本体感觉的训练。

● 进行高危运动时佩戴合适的护具，熟练掌握所进行活动的技术动作要领。运动锻炼时需要讲究正确的姿态，不要在运动时采用危险姿态，不要在运动时用力过大过猛，不要进行超负荷的运动，减少踝关节扭伤出现的概率。

● 在运动锻炼前需要做足热身活动、运动后需要做好整理活动，保证踝关节肌肉得到充分的放松和活动，避免踝关节扭伤的发生。

● 在运动锻炼中需要选择平整的路面进行运动，不要在坑洼不平的路面进行锻炼，预防出现崴脚造成踝关节损伤。

● 运动时选择鞋底柔软的高帮鞋、弹力绷带或半硬的支具。

● 平时行动过程中注意安全，多加小心。

发生踝部扭伤后，我们怎么做

应急要点

● 对于症状轻者，可在伤后即用冷水或冷毛巾外敷并抬高患肢，处理越及时越好。

● 冷敷方法：将冷水浸泡过的毛巾放于伤部，每3分钟左右更换一次，也可以用冰块装入塑料袋内进行外敷，每次20～30分钟。夏季则可用自来水冲洗，冲洗时间一

般在 4 ～ 5 分钟，不宜太长。

● 如果踝部扭伤已超过 24 小时，则应改用热敷疗法。

● 热敷方法：将热水或热醋浸泡过的毛巾放于伤处，5 ～ 10 分钟后毛巾已无热感时进行更换。

㊹ 毒蛇咬伤

我们在参加户外活动、休息或经过蛇类栖息的草丛、石缝、枯木、竹林、溪畔或其他比较阴暗潮湿处时，都有可能遭遇毒蛇咬伤。毒蛇咬伤救护重在一个"急"字，及时对伤口进行处理很重要，这样可以减少身体对蛇毒的吸收，减轻中毒症状，为下一步的治疗打好基础。

预防毒蛇咬伤小常识

温馨提示

● 取少量雄黄烧烟，用以熏衣服、裤子和鞋袜。

● 将"雄黄蒜泥丸"藏于衣裤口袋中。（蛇嗅觉灵敏，喜腥味而恶芳香气味，身上带有芳香浓郁气味的药物可以驱蛇。）

● 在行进途中可用登山杖、树棍不断打击地面、草丛、树干，即所谓"打草惊蛇"，以利于虫蛇回避。（蛇对于从地面传来的震动很敏感，但听觉十分迟钝，不能接受空气传导来的声波，高声说话对驱蛇无效。）

● 穿上高帮鞋、长裤，必要时绷紧裤脚；进入丛林时，头戴斗笠或草帽。

● 蛇粪有股特殊的腥臭味，如果嗅到特殊的腥臭味，要注意附近可能有蛇。

● 遇到毒蛇追人，千万不要沿直线逃跑，可采取"之"字形路线跑开；也可以站在原地不动，面向着毒蛇，注视它的来势，向左右躲避。可能的情况下，用登山杖或木棍向毒蛇头部猛击。

● 遇到毒蛇见灯（火）光追来，迅速熄灭头灯、电筒，将火把扔掉。如果有雄黄水，可以向蛇身喷洒，蛇就发软乏力，行动缓慢。

毒蛇咬伤后，我们怎么做

应急要点

● 不要惊慌乱跑，尽可能延缓毒素扩散。剧烈的活动，能使血液循环加快，增加人体对毒素的吸收，加重中毒症状。

● 迅速用止血带或细绳在距伤口 5 ~ 10 厘米的肢体近心端捆扎，减少毒素在体内扩散。每间隔半小时放松 3 ~ 5 分钟，以免肢体坏死。

● 用拔火罐吸除毒液，也可用口吮吸，但要注意口腔内不能有伤口和溃疡，并要及时漱口。

● 冲洗伤口，先用肥皂水和清水清洗周围皮肤，再用生理盐水、0.1% 高锰酸钾或清水反复冲洗伤口。局部降温：先将伤肢体浸于 4 ~ 7℃的冷水中 3 ~ 4 小时，然后改用冰袋，可减少毒物吸收。

● 被毒蛇咬伤 12 小时内，宜在医院切开伤口排毒。以牙痕为中心作多个"十"字小切口以便排毒。

45 急救车来之前，我们怎么做？

应急要点

● 初步检查病人神志、呼吸、血压、脉搏等生命体征，并随时观察体征变化，5分钟观察一次。

● 必须保持病人的正确体位，切勿随便推动或搬运病人，以免病情加重。几种常见伤患处置注意事项：昏迷病人发生呕吐时头侧向一边；脑外伤、昏迷病人不要抱着头乱晃；高空坠落伤者，不要随便搬头抱脚移动；哮喘发作时若呼吸困难，病人应取半卧位。

● 清理楼道、走廊，移除影响搬运病人的杂物，方便急救人员和担架的快速通行。

● 待救护车到达后，应向急救人员详细地讲述病人的病情、伤情以及发展过程，采取初步急救的措施等，以保证急救的连续性和完整性。

46 报警要点

拨打下列电话陈述时最好要：清晰、简洁、准确、易懂，要冷静，让接线员听清楚你描述的事件、地点等相关重要内容。

● 紧急情况拨打：110。

● 医疗急救拨打：120。

● 消防火灾拨打：119。

● 交通事故拨打：122。